水利工程配电系统运行管理提升实践

李宪栋 等著

黄河水利出版社

· 郑 州 ·

内 容 提 要

水利枢纽配电系统为闸门启闭、大坝监测、排水排沙设施和照明系统提供电源,其安全稳定可靠运行对于水利枢纽安全稳定运行具有重要意义。本书分析了配电系统运行特点和运行关键技术,对配电系统可靠性和运行管理实务进行了探讨,并对配电系统发展趋势进行了展望。在此基础上,本书结合小浪底水利枢纽水工配电系统运行管理实际进行了论述,介绍了水利枢纽水工配电系统运行方式优化、保护定值校核和电气设备更新改造中的关键问题及应对策略,探讨了提高运行可靠性的管理措施和设备更新改造时机的确定问题。

从事水利枢纽运行管理的生产管理人员、技术人员可以从本书的论述中获得启示,本书也可以为从事配电系统运行研究的人员提供参考。

图书在版编目(CIP)数据

水利工程配电系统运行管理提升实践/李宪栋等著
. —郑州:黄河水利出版社,2023.11
ISBN 978-7-5509-3731-4

Ⅰ.①水… Ⅱ.①李… Ⅲ.①水利工程-配电系统-
电力系统运行 Ⅳ.①TV7

中国国家版本馆 CIP 数据核字(2023)第 172792 号

组稿编辑:田丽萍 电话:0371-66025553 E-mail:912810592@qq.com

责任编辑	文云霞	责任校对	张 倩
封面设计	张心怡	责任监制	常红昕

出版发行 黄河水利出版社
　　　　地址:河南省郑州市顺河路49号 邮政编码:450003
　　　　网址:www.yrcp.com E-mail:hhslcbs@ 126.com
　　　　发行部电话:0371-66020550
承印单位 河南新华印刷集团有限公司
开　　本 787 mm×1 092 mm 1/16
印　　张 9.75
字　　数 225 千字
版次印次 2023 年 11 月第 1 版 2023 年 11 月第 1 次印刷
定　　价 56.00 元

前　言

水利枢纽工程在江河治理中承担着重要角色。水利枢纽工程运行管理现代化需要借助电气技术和信息技术。水利枢纽工程配电系统承担着为闸门启闭、大坝监测、排水排沙设施和照明通信系统提供电源的功能,其安全稳定运行对于枢纽工程安全稳定运行具有重要意义。

配电系统运行管理的主要任务是保证系统运行的安全性和经济性。配电系统设备设施分布范围广,网络结构薄弱、运行信息采集困难和自动化程度低是主要缺点。为了对配电系统运行进行有效管理,需要借助自动化技术和通信网络技术实现对管辖范围内设备的集中监视和控制,同时针对电气系统状态变化的快速性需要有完善的保护和控制系统。配电系统运行经济性主要体现为降低网络和设备的损耗,这需要分析配电系统运行特点,合理控制系统运行电压和潮流分布,对负荷进行必要的调控和布设。设备系统可靠性是配电系统运行安全管理的重要指标。可靠性指标实现了配电系统运行的量化管理。

配电系统运行管理中形成了较为完善的管理制度。运行管理制度包括交接班制度、设备巡视检查制度、设备定期切换试验制度、工作票和操作票制度。运行安全管理包括保证运行安全的组织措施和技术措施。加强人员管理和风险管理是保证运行安全的基础性工作。运行技术管理和设备维修管理是运行安全的重要保障。

配电系统正在经历着一场新的革命,新技术的引入正在使得配电系统变得更智能、更灵活。配电设备智能化、配电网络更复杂、运行控制的协调配合都使得配电系统成为更友好、更环保、更安全的新型系统。配电系统升级改造过程中应考虑配电系统发展趋势,引入新技术,实现提档升级。

全书共分6章,第1章对配电系统运行管理工作进行了总体介绍,第2章介绍了配电系统运行关键技术,第3章对配电系统可靠性管理工作进行了介绍,第4章对配电系统运行管理工作实践进行了总结,第5章对配电系统发展趋势进行了展望,第6章总结了小浪底水利枢纽水工配电系统运行管理工作中的经验。李宪栋完成了第1、2、3、5、6章的编写工作,宋健壮完成了第4章的编写。本书编写过程中得到了黄河水利水电开发集团有限公司安全管理部、水工部、生产技术部、党群工作部的大力支持,同时参考了许多单位和个人的技术文献,并得到了许多同事的帮助,笔者在此向他们表示诚挚的感谢和崇高的敬意!

限于笔者水平,书中难免有疏漏之处,欢迎读者批评指正。

作　者
2023 年 7 月

前 言

目 录

第 1 章　配电系统运行管理概述

电力系统由发电、输电和配电三大部分组成。电能从发电系统产生后,通过输电系统输送到负荷中心,由配电系统分配给各个用户。在我国,配电系统划分为高压配电系统、中压配电系统和低压配电系统。《城市电力网规划设计导则》(Q/GDW 156—2006)规定,高压配电系统是 35~110 kV 电力网络,中压配电系统为 10 kV 和 6 kV 电力网络,380 V 和 220 V 电力网络则为低压配电系统。配电系统作为电力系统连接终端用户的最后一个环节,承担着广大用户用电可靠性和用电质量保障功能。

1.1　配电系统特点

1.1.1　配电系统主要设备

配电系统由配电设备和各类负荷组成。配电设备包括配电变压器、开关柜、无功补偿设备和连接电缆。常见的负荷包括电动机、照明灯具、办公设备等,近年来还包括一些可变有源负荷。

1.1.1.1　配电变压器

配电变压器是连接输电系统和配电系统的设备,将输电电压降低到负荷可以接受的电压。高压和中压配电系统中变压器容量较大,采用油浸式变压器。低压配电系统中变压器容量较小,多以干式变压器为主。变压器高压侧设置多个分接头,便于完成对电压的调节。配电变压器分为无载调压变压器和有载调压变压器。无载调压变压器需要在停电条件下完成变压器高压侧分接挡位改变,以实现对供电电压的调整。有载调压变压器可以在不停电条件下实现变压器挡位改变,以满足配电系统对电压的适时调节。

1.1.1.2　开关柜

开关柜是重要的配电设备。重要的配电中心多以断路器配电柜为主,配电回路中一般也设置一定数量的负荷开关柜,还包括电压互感器柜、无功补偿设备柜和连接用的母联柜。

断路器开关柜内主要设备是断路器。根据需要断路器柜可以设置小车式和固定式。常见的小车式断路器柜用小车代替了隔离开关,可以将断路器从开关柜内移出,能满足断路器工作、试验和检修的需要。固定式断路器柜无法实现断路器的移动,配备专门的隔离开关和接地开关,可以将断路器从配电网中隔离,以满足试验和检修的需要。

断路器柜设置有相应的电缆室和母线室,将电源引入配电母线或从配电母线引出。配套的元件包括用于测量的电流互感器、用于保护的避雷器或过电压保护器。测量、控制和保护是断路器柜的重要组成部分。一般在断路器柜正面上半部分设置有用于电压、电流监视的仪表,用于控制断路器操作的控制旋钮,配套的继电保护装置或备自投等自动装置。断路器柜还设有照明和加湿器等装置,以满足不同环境的需要。

中低压断路器以真空断路器和空气断路器为主,也有为了适应特殊要求而设置的 SF_6 充气柜。真空断路器以真空灭弧室为核心部件,在操作机构的配合下,根据需要完成断路器的合闸和分闸操作,实现对供电的控制。操作机构多以弹簧储能操作为主,配以齿轮、连轴等部件完成对断路器控制指令的传递。

负荷开关柜与断路器柜相比,配置要简单一些,一般与熔断器配合使用,多为固定式,监测和保护设备也要少一些。

电压互感器柜完成对配电中心母线电压的测量,一般设有电压互感器和配套的消谐装置。中低压电压互感器为电磁式单相互感器,组合完成三相电压及线电压的测量。电压互感器柜除完成母线电压的测量显示外,还可以实现对母线电压信号的采集记录和传递,以配合完成对母线电压的自动远程监视及系统保护需要。当系统发生铁磁谐振或零序电压($3U_0$)越限故障时,消谐装置对铁磁谐振故障进行记录和消除,对 $3U_0$ 越限故障进行监测并记录。消谐装置只能消除由于外在原因诱发的非永久性铁磁谐振故障,对持续存在的外因引起的其他电压互感器(PT)过电压不能消除。

1.1.1.3　无功补偿设备

配电系统常见的无功补偿设备包括电力电容器、电力电抗器、静止型动态无功功率补偿器(SVC)、静止型无功发生器(SVG)等。

SVC 是并联电容器组和可调节电感元件的组合体,可以根据配电网无功负荷变化需要实现对无功功率的补偿调节,以实现对配电网电压的调节。SVC 包括自饱和并联电抗器型、晶闸管控制电抗器型、晶闸管控投切电容器型、晶闸管控制高漏抗变压器型。

SVG 是接入配电网的无功功率电源,可以根据电网需要连续快速地提供无功功率调节,以实现对配电网电压的调节。SVG 主要由可以控制的可控硅电桥和电感、电容组成,分为电流型和电压型。

1.1.1.4　连接电缆

中低压配电网中常用的连接电缆包括交联聚乙烯绝缘电力电缆、聚氯乙烯绝缘电力电缆、橡皮绝缘电线和塑料绝缘电线等。电缆或电线根据电压等级及负荷电流大小选择,根据现场情况选择直接埋设、穿管敷设、通过电缆沟电缆桥架敷设等方式实现回路连接。在配电室内多采用电缆桥架敷设连接至室内配电柜。

1.1.1.5　负荷

配电系统负荷一般包括电动机、照明灯具、办公设备等。随着技术进步,近年来配电系统负荷增加了可调节有源负荷,如新能源发电设备、储能设备、柔性输电设备等。

负荷按照重要性一般分为一级负荷、二级负荷和三级负荷。负荷重要性一般根据中断供电造成的人身安全和经济损失确定。一级负荷指供电中断将造成人身伤亡、在经济上造成重大损失、影响重要的用电单位正常工作的负荷。一级负荷中停电将造成人身伤亡、重大设备损坏、发生中毒、爆炸、火灾等情况及不允许中断供电的负荷为特别重要负荷。二级负荷指中断供电将造成经济上较大损失、影响较重要用电单位正常工作的负荷。除一级负荷和二级负荷外的负荷为三级负荷。

1.1.2　配电系统特点

配电系统电压等级低。与电力系统输电骨干网比较,配电网电压等级降低,与用户负荷额定电压相匹配。电压等级降低后,系统工作电流增大。对于大电流系统,运行过程中发热监视是重要内容。

配电系统网络结构复杂。中压配电网中接入负荷较多,输电电缆线路级联较多。为了满足用户需要,配电系统低压网络庞大,分布广泛,接入设备数量众多,种类繁多。三相四线系统甚至三相五线系统是常见的接线形式。

配电系统无功功率短缺。配电系统中感性负荷随着经济的发展迅速增加,配电变压器和电动机处于低负荷率的非经济运行状态,造成配电系统无功功率需求大量增加。若不及时补充,将引起供电电压质量下降,系统损耗增加,既浪费电能,又影响供配电设备的使用率,甚至造成事故。

配电系统运行安全性要求更高,尤其是直接为用户供电的低压配电系统。除保证配电系统安全可靠运行外,接线对人员安全的保护是需要特别考虑的部分。低压配电系统要考虑单相负荷工作需要,提供必要的零线和地线,提供为了保证人身安全的保护接地措施。漏电保护器是其中的重要元件,相比于断路器和开关,其灵敏性更高。低压配电系统容易出现三相负荷不均衡。终端用户中多为单相负荷,负荷接入具有随机性,为了减少投资,民用配电线路多为单相供电,容易造成三相负荷不均衡。三相负荷不均衡容易增加系统损耗。

低压配电系统按接地方式分为 TT、TN 和 IT 三类系统。

TT 配电系统是指将电气设备的金属外壳直接接地的系统,称为保护接地系统,也称 TT 系统。第一个符号 T 表示电力系统中性点直接接地;第二个符号 T 表示负载设备外露不与带电体相接的金属导电部分与大地直接连接,而与系统如何接地无关。在 TT 系统中负载的所有接地均称为保护接地。当电气设备的金属外壳带电(相线碰壳或设备绝缘损坏而漏电)时,由于有接地保护,可以大大减少触电的危险性。但是,低压断路器(自动开关)不一定能跳闸,造成漏电设备的外壳对地电压高于安全电压,属于危险电压。当漏电电流比较小时,即使有熔断器也不一定能熔断,所以还需要漏电保护器做保护。

TN 配电系统将电气设备的金属外壳与工作零线相接的保护系统,称作接零保护系统。一旦设备外壳带电,接零保护系统中漏电电流将上升为短路电流,熔断器的熔丝会熔断,低压断路器的脱扣器会立即动作跳闸,使故障设备断电,比较安全。TN 系统节省材料和工时,在许多国家得到广泛应用。TN 配电系统中根据其保护零线是否与工作零线分开而划分为 TN-C 配电系统和 TN-S 配电系统。

TN-C 配电系统中工作零线 N 和保护线 PE 合为一体。TN-S 配电系统中工作零线 N 和专用保护线 PE 严格分开。系统正常运行时,专用保护线上没有电流,只是工作零线上有不平衡电流。PE 线对地没有电压,电气设备金属外壳接零保护是接在专用的保护线 PE 上,安全可靠。工作零线只用作单相照明负载回路。专用保护线 PE 不允许断线,也不允许接入漏电开关。工作零线不得重复接地,PE 线需要重复接地,但是不经过漏电保护器,TN-S 系统供电干线上可以安装漏电保护器。

在临时配电系统中常采用 TN-C-S 接线,即前部分采用 TN-C 方式供电,在现场总配电箱分出 PE 线,为满足施工规范规定,施工现场必须采用 TN-S 方式供电。工作零线 N 与专用保护线 PE 连通,线路不平衡电流较大时,电气设备的接零保护受到零线电位的影响。TN-C-S 系统可以降低电动机外壳的对地电压,不能完全消除这个电压,这个电压的大小取决于负载不平衡情况及线路的长度。负载不平衡度增大线路又很长时,设备外壳对地电压偏移就增大。所以,要求负载不平衡电流不能太大,而且在 PE 线上应做重复接地。在总配电箱处 PE 线和 N 线必须相接,其他各分箱处不得把 N 线和 PE 线相联,PE 线上不许安装开关和熔断器。TN-C-S 供电系统是在 TN-C 系统上临时变通的做法。当三相电力变压器工作接地情况良好、三相负载平衡时,TN-C-S 系统在施工用电实践中可以采用。但是,在三相负载不平衡、施工工地有专用的电力变压器时,必须采用 TN-S 方式供电系统。

IT 配电系统中 I 表示电源侧没有工作接地,或经过高阻抗接地;第二个字母 T 表示负载侧电气设备进行接地保护。供电距离不长时,IT 配电系统供电的可靠性高、安全性好。IT 配电系统一般用于不允许停电的场所,或者是要求连续供电的地方,如电力、炼钢、大医院的手术室、地下矿井等处。采用 IT 供电系统,即使电源中性点不接地,一旦设备漏电,单相对地漏电电流很小,不会破坏电源电压的平衡,所以比电源中性点接地的系统安全。但是,当供电距离很长时,受供电线路对大地的分布电容影响,在负载发生短路故障或漏电使设备外壳带电时,漏电电流经大地形成回路,保护设备不一定动作。

1.2 配电系统运行

配电系统运行管理的主要任务是在保证系统安全稳定运行前提下提升系统运行的经济性。配电系统安全稳定运行是指系统能保证连续可靠供电,经济性是通过调节和控制尽可能降低配电系统的损耗。配电系统安全运行的基础是状态良好的配电设备设施,关键是不超出配电系统的承受能力。配电系统安全运行需要合理地规划设计配电系统,做好配电设备的维护,并组合运用好配电设备。配电系统运行需要有完善的监测、调节和保护技术做支撑,自动化、智能化是其发展方向。对配电系统的定期分析评价是保证配电系统适应实际发展的必要手段。

1.2.1 配电系统运行安全性和经济性

配电系统运行安全性首先是指系统在可以承受的范围内连续运行。这里主要指供电线路的供电能力。在系统规划中,对配电系统的供电能力设计是根据前期调查资料做出的,应该是满足要求的。但是,随着时间推移,配电系统负荷会逐渐增加,在不掌握系统供电能力安全裕度情况下,盲目增加负荷将会给配电系统运行安全埋下隐患。

配电系统运行安全性靠保护技术来保障。当配电系统出现故障时,配电系统保护能及时准确地隔离故障是保证系统安全运行的首要条件。配电系统保护整定计算要符合实际,并不出现盲区。配电系统保护整定要考虑各级配电系统的配合,不出现越级跳闸情况。

　　配电系统运行安全性靠配电设备来实现。配电系统断路器、负荷开关、变压器和电缆安全运行是配电系统安全运行的保障。加强配电系统设备维护和检修,保证设备运行处于良好状态是配电系统运行安全的保证。配电系统运行安全靠科学合理的管理来实现。对配电系统运行方式的合理安排,对配电系统接入负荷的控制,增加具备条件能力的设备,做好应急工作是配电系统运行管理的重要内容。

　　配电系统运行经济性主要指控制和降低配电系统损耗。配电系统中损耗主要指变压器和线路损耗。变压器损耗一般通过合理选择设备型号、容量来控制,设备选定后运行过程中可以通过调节变压器运行电压和负荷情况实现变压器的经济运行。线路损耗与线路输送功率和电压有关,合理调节线路输送功率和电压可以降低线路损耗。

1.2.2　配电系统运行状态监视和控制

　　配电系统运行状态监视是实现配电系统安全经济运行的基础。在对配电系统运行状态实时监视的基础上,才能进行配电系统运行安全性和经济性分析评价,并在此基础上进行控制、调节和优化。配电系统运行状态监视包括对系统运行电压、功率的采集分析,对系统拓扑结构的采集分析,以及对配电系统关键设备状态信息的采集分析。

　　配电系统运行状态监视需要借助监测体系来实现,监测体系是基于信息通信技术的配电系统状态量采集分析系统,实现将配电网状态量收集、处理、分析和展示。一般包括实时数据采集控制系统、负荷管理系统、配网应用软件和地理信息系统。

　　配电系统运行控制一般通过高级分析软件能量管理系统来实现。能量管理系统根据采集到配电系统状态信息,按照设定的目标,对配电系统的运行功率和电源进行调节控制。配电网运行控制一般通过分层分布式控制来实现,借助配电系统监控网络,将分析后的控制方案分解成各控制指令,通过网络传输给需要执行的各配电系统设备,通过配电设备的自我调节来完成配电网优化和故障隔离任务。目前,配电系统监控主要完成配电网的故障隔离功能,对于配电网运行优化调节功能,需要借助配电系统设备的改进来实现。对于配电系统而言,输送功率主要取决于负荷功率。现代配电系统可以借助柔性输电设备来实现对配电功率的调节,很大程度是通过调控配电系统电压来完成的。对于接入新能源发电设备的配电系统,则增加了有功调节设备,丰富了无功调节设备,调节控制将更加灵活、更加准确。

1.2.3　配电系统运行支持技术

　　配电系统运行支持技术包括控制技术、信息通信技术、监测预测技术和规划技术。

　　配电系统运行中负荷变化的随机性通过电力系统中发电系统的自动发电调节实现平衡。配电系统运行中电压的调节通过分布式电压调节来实现。对配电系统中有功功率和无功功率的调节,需要借助自动控制技术。从对区域负荷和电压综合分析决策后做出调节指令,到对配电系统中各调节设备发出指令再到调节设备对指令的响应和反馈,需要综合协调控制技术。调节设备自身对指令的执行过程也需要良好的控制技术。配电系统故障后的隔离和保护需要控制技术完成对故障的监测、分析和采取必要合理的措施。

　　信息通信技术将庞大复杂的配电系统中各设备组合成一个有机整体。从对配电系统状态感知信息的采集、传输到对调节控制指令的传达,都离不开信息通信技术。现代配电系统从被动管理转向主动管理,依靠的是基于现代通信技术的通信网络。从以太网通信到无线通信,配电系统正在借助现代通信技术变得更智能。

监测预测技术是配电系统动态变化的特点所依赖的技术。无论是保证配电系统功率平衡,还是对故障的及时隔离,对配电系统的监测都是基础。预测技术则是满足配电系统在较长时间跨度上的变化发展管理所必须的技术。从对配电系统负荷的季节性变化预测到阶段性新增负荷,需要对配电系统负荷增长做出合理的预测分析,这样才能保证配电系统能不断适应其所服务的社会经济的发展。

规划技术是伴随配电系统整个生命周期的运行管理支持技术。从最初的配电系统诞生设计规划,到若干年后配电系统的升级改造和扩建,都需要利用规划技术对配电系统的组成进行合理的安排。从配电系统运行管理角度看,配电系统运行的安全保障和效率提升也都依赖于配电系统规划技术。

第 2 章　配电系统运行关键技术

配电系统运行管理中,在系统维持自身动态平衡的基础上,对配电系统管理的主要手段包括系统运行的监视控制、自动化和保护。

2.1　配电系统监控

配电系统监控是对配电系统运行情况进行管理的基础,对配电系统运行状态信息、网络结构的实时采集是对配电系统进行综合管理和优化的第一步。配电系统监视控制借助计算机监控系统来实现。计算机监控系统是借助计算机进行综合高级管理的计算机网络,典型应用是分层分布式控制系统。配电系统监控系统分为设备采集层、中间处理层和高级分析层。

2.1.1　配电系统运行监控对象

配电系统运行监控的主要对象包括系统运行方式、传输有功功率和运行电压。

配电系统运行方式一般根据配电系统电气主接线中断路器状态判断。配电系统运行方式管理的核心任务是保证系统运行的可靠性,降低系统运行中的供电中断风险。配电系统运行方式管理主要是对配电系统网络拓扑结构的安排。配电系统常见的网络接线拓扑结构包括星形结构和环形结构。星形结构中电能从电源到负荷只有一条路径,环形结构中电能从电源流向负荷可以有两条及以上路径。环形结构网络比星形结构网络供电可靠性高。配电中心常见的电气主接线为单母线接线或单母线分段接线。单母线接线是指所有电气元件都连接在一条母线上的接线形式,单母线分段接线是通过联络断路器将母线分成两段的接线形式。单母线分段系统要比单母线系统运行可靠性高。从提高供电可靠性和灵活性角度看,应优先采用环形结构,配电中心应优先采用单母线分段电气主接线。配电设备检修是影响配电系统运行中供电可靠性的重要因素之一。环形网络结构和单母线分段接线配电系统充分考虑了配电设备检修需要。

配电系统运行管理中有功功率的监控是系统安全运行的基础。有功功率监视要保证配电系统输送功率不超出配电系统能承受的范围,配电系统的承受能力一般用输电能力来表示。在不增加配电系统接入负荷情况下,配电系统运行中不会出现超出配电系统输送能力问题,主要考虑经济运行问题。通过分析计算,找出配电系统损耗降低的运行状态,尽可能维持或接近此状态运行就是配电系统运行管理的主要任务。配电系统中常见的问题是三相负荷不平衡。三相负荷接入不平衡容易引起配电变压器损耗增加,导致设备发热,影响设备绝缘寿命。三相负荷不平衡会增加系统中性线上流过的电流,从而增加系统损耗。如果配电系统要接入新负荷,则要考虑是否超出配电系统输电能力。工程实际中,对于非连续运行负荷的管理是难点。系统设计时通过同时系数来进行负荷统计,这样可以充分利用配电系统供电能力,但如何保证系统负荷在扩充后运行时不超出配电系统供电能力是关键,这也是系统工程师应该考虑的问题。

配电系统运行电压监视是保证负荷正常运行的需要。电动机等电力负荷正常工作需要供电电压维持在合理范围内。20 kV 以下配电系统电压允许的变化范围是±7%。配电系统电压会随着输电距离的增加而降低,为了保证供电末端负荷供电电压在合理范围,要考虑配电系统电压降落,在配电变压器侧适当提高电压,一般按 1.05 倍额定电压控制。配电系统电压监视一般设置在配电枢纽中心和负荷配电盘柜。配电系统运行中,电压变化还与负荷功率有关。负荷功率高时电压偏低,负荷功率低时电压偏高。对于负荷功率变化大的区域供电还需要考虑负荷变化情况。现代配电系统中接入新能源电源后,在改变配电系统功率流向和变化的同时,也将引起配电系统电压的变化。配电系统电压监视和调节任务愈发重要。配电系统电压调节主要借助无功功率补偿设备,柔性输电设备和新能源发电设备的接入为配电系统电压调节提供了更多选择。对于配电系统故障时的电压调节需要借助更先进的快速电压调节设备和继电保护。

配电系统监控要能实时反映配电系统的状态,并能进行综合分析优化,及时发出必要的调节控制指令进行控制,以达到配电系统安全经济运行的目的。准确性是配电系统监控的另一要求,能准确反映实际状态信息是根本要求。

2.1.2　配电系统监控功能

配电系统监控功能通过配电自动化系统实现。配电系统自动化系统由采集配电系统数据的设备、通信网络设备和综合分析控制的计算机组成。配电自动化系统主要功能包括数据采集处理、运行安全监视、设备操作监视、控制权限管理、日志报表、事件统计、数据通信、诊断分析和多媒体等。

2.1.2.1　**数据采集处理**

数据采集处理主要完成对监控对象参数的实时收集和预处理,以便计算机进行识别和处理,在监控系统网络上传输和在数据库存储。根据被测对象的不同,采集处理的数据分为开关量、模拟量、脉冲量等。数据采集处理还包括监控系统输出数据的处理。

开关量按照计算机响应优先级别分为中断型开关量和非中断型开关量。中断型开关量指计算机接收到信号后中断正在进行的工作优先处理的开关量,主要包括事故信号、断路器分合和继电保护动作信号等。非中断型开关量指计算机通过扫查方式处理的开关量,这些开关量变化信号不需要优先处理,主要指配电系统中断路器、隔离开关位置信号、手自动选择开关位置、保护连片等。开关量状态变化具有离散性和随机性,但要能实时采集和传达,不能遗漏。开关量信号处理一般为无源接点通过光电隔离、防抖动措施、硬件软件滤波、数据有效合理性判断等环节信号变换为计算机系统可以接受的信息。

模拟量包括电气和非电气量。电气量主要指配电系统中电压、电流、功率等信息,非电气量包括温度、压力、振动等信息。模拟量具有连续性,采集过程中需要处理异常中断、抗干扰、标度变换和越复限等情况。根据监测对象的变化情况来确定采集频率和变化范围。

脉冲量是通过脉冲累加方式计量的量,主要指配电系统中的有功电能量和无功电能量。脉冲量输入信号为无源接点或有源电脉冲,其处理需要包括接点防抖处理、脉冲累计值保持清零、数据有效性判断、检错纠错等环节。

2.1.2.2　运行安全监视

运行安全监视主要对配电系统运行关键参数信息进行监视,并在监测对象信息接近或超出安全范围时进行预警或报警。配电系统运行需要监视的信息包括配电系统输送功率、运行电压、发热情况等。运行安全监视要能区分正常工况、异常工况和紧急状况,并根据管理级别和权限发出信息。管理人员可以根据权限和需要设定监视的级别和范围。运行安全监视包括越复限监视、事故顺序判别、故障状变显示和趋势分析。越复限监视是对运行异常情况的监测,主要是对监测量超出设定限制范围的预警提示和必要的控制措施。监测量限制值可以设定高限值、高高限值、低限值、低低限值,高限值和低限值用于预警提示,高高限制值和低低限制值用于跳闸保护。事故顺序判别能及时准确地记录事故发生的时间和相关设备动作情况,并能达到区分现象发生的先后顺序,便于进行事故原因分析。故障状变显示是通过定期扫查故障状态变化信号并进行显示提醒,计算机监控系统可以在不超过 2 s 时间内完成对故障状变信号的扫查。趋势分析是对监测量进行连续记录并比较其随时间变化的速率,超出一定范围发出预警。

2.1.2.3　设备操作监视

设备操作监视主要指对配电系统设备操作情况的监视,包括断路器、隔离开关等设备操作过程的监视,确保设备操作过程安全可靠。除对单个设备操作安全性的监视外,对于配电系统中断路器操作是否满足操作条件进行监视,不满足条件则进行提示或闭锁操作。对配电系统关键断路器之间的闭锁关系进行设置是配电系统运行安全的重要保障,典型的操作如双电源系统之间的非同期并列闭锁、隔离开关与断路器之间的操作等。

2.1.2.4　控制权限管理

控制权限管理一般指各分控点对本地控制和远方控制的选择。本地控制由现地操作人员进行监视控制,远方控制由远程上层控制站点进行监视和控制。根据分层控制原则,配电设备除可以在现地操作外,还可以接受集中控制站点发出的调节控制指令。控制权限管理还包括对系统登录人员的权限控制,通过账号和密码实现。一般对于运行操作人员、维护人员和管理人员设置不同的权限,对于非授权用户,则拒绝登录,以保证系统运行安全。

2.1.2.5　统计分析

统计分析是根据运行管理需要完成的事件统计,并通过日志、报表或图像形式进行展示。常见的统计分析功能包括供电数量统计、电压质量统计、可靠性参数统计、故障动作统计、动作成功率统计、参数越限统计和设备投退统计等。

2.1.2.6　诊断分析

诊断分析包括计算机监控系统自身情况诊断和对监控对象情况的诊断。诊断分析是保障配电系统安全运行的必要功能。计算机监控系统自身工作正常是配电系统监控的前提。诊断分析可以实现对设备和子系统的状态监视分析,及时准确地判断故障范围,采取必要的隔离或切换设备系统措施,最大程度地保障配电系统运行安全。借助数据网络通信技术,可实现远程诊断。远程诊断是借助外部专家、厂商服务人员完成对配电系统设备情况诊断,是提升故障判断处理能力的有效措施。

2.1.3　配电系统监控实现

配电系统监控通过计算机监控系统实现。计算机监控系统采用分层分布控制结构,由上位机系统、计算机网络和现地控制单元组成。监控系统上位机系统完成对全站(控制区域)的综合监视控制,实现集中监控和高级分析优化功能。计算机网络完成现地监控单元与监控系统上位机的连接和通信,实现监视信息传送和控制指令收发。现地控制单元完成对监控对象的就地监视控制。

2.1.3.1　上位机系统

上位机系统按功能设置操作员工作站、工程师工作站、厂站级工作站和通信工作站。上位机系统完成全局性的监控工作,主要通过操作员工作站实现。操作员工作站是集中监控的中心和人机接口,可以实现实时图形显示、事件信息显示、报表显示、系统自诊断信息显示、设备控制操作、系统配置等功能。工程师工作站除具有操作员工作站的全部功能外,还具有程序开发、调试、系统维护和培训仿真功能。厂站级工作站完成计算量较大的综合分析处理工作,如历史数据库、数据统计处理、人工智能、专家系统等。通信工作站是计算机监控系统与外部系统通信的工具,如与上级调度系统、生产管理系统等的信息和指令交换。

为了提高系统运行可靠性,上位机系统多采用全冗余双重配置。上位机系统之间通信采用总线或网络通信方式,通信网络也采用冗余配置,两个网络采用同等地位并行工作。常见的通信网络是 10 Mbps、100 Mbps 或 1 000 Mbps 的以太网。

2.1.3.2　现地控制单元(LCU)

现地控制单元实现对监控对象的就地监控,按照功能分为开关站现地控制单元、公用现地控制单元等。现地控制单元之间相对独立,与厂站级计算机也相对独立。按结构和配置分,现地控制单元有单板机总线型 LCU、可编程控制器(PLC)LCU、智能模件公用实时网 LCU。早期 LCU 以单板机总线型为主,但由于模板制造工艺和质量问题,推出了可编程型 LCU。可编程型 LCU 按工业环境使用标准设计,可靠性高,抗震性能好,接插性能好。由于 PLC 以扫描方式工作,不能满足事件分辨率和系统时钟同步要求,浪涌抑制能力存在不足,自诊断功能也不能完全满足安全生产可靠方面的要求,智能化模件网络组合 LCU 成为最新的发展趋势。这种模件带有 CPU 和电源,可以独立工作,在局部网络组合下可以通过智能通信模块与上位机通信。

LCU 也多采用冗余结构。与上位机同构型冗余不同,LCU 冗余还包括异构型冗余和交叉型冗余。异构型冗余结构由性能、型号、功能原理不尽相同的设备构成,一台运行一台备用,不要求其实现可逆切换,备用设备往往只具备部分功能,是不完全冗余。同构型冗余是完全冗余结构,其主备用之间可以实现可逆切换。交叉型冗余是两个相邻的 LCU 之间实现冗余,这种结构可以节省投资,但部分测点数据库容量需要加倍。

2.1.3.3　监控系统软件

监控系统软件包括系统软件、应用软件和支撑软件。系统软件是以操作系统为主的软件,主要包括编译连接程序、运行调度管理程序、支撑软件、标准库程序、网络软件、在线自诊断和远方诊断程序等。操作系统用来控制计算机系统的硬件,实现最优方式管理硬件资源,完成文件的编辑、编译和调度管理,对多用户和多任务进行管理等。应用软件是为实现特定的功能开发的专用程序,包括应用程序和高级应用程序。应用程序完成采集、显示、打印等基本功能,高级应用程序实现专业性较强的功能。此外,为实现软件的高效、实时、开放和结构优化,第三方提供的支撑平台、标准库程序、软件开发管理程序、测试和评价等功能和支持技术也是软件开发管理必不可少的功能。

在对系统软件选择时,保持其对选用计算机的适应性和向上兼容性是必要的,另外一种选择就是选用开放系统。保持应用软件的可移植性、不同系统的联网和可互操作性、用户人机界面的通用性是选择开放系统的重要原因,这也是保持计算机监控系统先进性的重要方面。

计算机软件从面向机器的低级语言发展到面向过程的高级语言,再到面向对象的程序语言逐步成熟。面向机器的低级语言,如汇编语言,完成相同的功能所用程序少、响应速度快、存储量小,但可读性差。高级语言在充分应用已有的程序库的基础上,便于修改,便于多个程序员之间的协调。通过采用中断处理方式和提高计算机处理速度的硬件改进,采取简明的编程和合理的软件组织结构的软件完善,计算机监控系统可以在较短时间内完成控制调节,显示相应的实时信息,分辨事故或事件的先后顺序,迅速修改数据库的内容,从而提高实时性。常用的应用软件包括设备驱动软件、人机接口软件、实时数据库软件、网络软件、通信控制软件、历史数据库软件、专家系统软件、监控系统组态软件等。

2.1.3.4　监控系统通信

以太网是监控系统通信网络的主流网络类型。以太网包括总线型结构、非环网型结构和环网型结构,网络载体采用同轴电缆或光缆,光缆抗干扰性较好,被更广泛采用。非环网型以太网包括单总线型和双总线型。环网型以太网可靠性更高,因为环网某一点断开后,可以通过环的另一侧通信。双环网结构是进一步提升可靠性的选择。环网结构增加了工程实施的难度和复杂性,对外通信采用工业以太网交换机。

以太网通信采用基于"载波侦听多路访问/冲突检测"算法的 TCP/IP 网络规约。TCP/IP 是一组独立定义的通信协议组合,核心是传输层的传输控制协议(Transmission Control Protocol,TCP)和网络协议(Internet Protocol,IP)。TCP/IP 采用分组交换和协议分层通信体系结构,分为网络连接层、网际层、传输层和应用层。低层为其上层提供服务,但各层又保持相对独立,层内协议的变化不影响邻近层次中的协议。典型的数据传输过程是:应用程序将信息通过字节传送至传输层;传输层将应用层信息打包,并附加一个传输控制协议段,实现面向连接的排序和流量控制;接下来,在网际层,TCP 数据加上报头被封装成 IP 数据报文,被送到网络上传送。数据在介质中传送时,借助逻辑链路控制 LLC(Logical Link Cntrol)实现 IP 协议与实际使用 LAN 协议之间的对接,从源网络服务点流向目的服务点。不同的 LAN 协议则通过介质访问控制规范(Media Access Control,MAC)实现对接。

2.2 配电系统自动化

配电系统自动化是借助自动化技术对配电系统进行综合管理的技术手段,主要通过通信网络和传感控制技术实现对配电系统运行过程的安全稳定经济管理。配电系统自动化包括数据采集自动化、监控自动化和信息处理自动化等。配电系统自动化管理借助配电系统自动化系统实现,包括配电系统自动化主站、网络、自动化终端和配电系统设备。配电系统自动化主要目标包括配电系统的最优潮流控制、电压协调控制和运行方式优化。最优潮流控制主要通过分析计算来确定配电系统中有功功率的合理传输,以保证配电系统在实现为用户供电的同时,尽可能降低网络损耗。电压协调控制是通过对配电系统无功功率的调节控制,确保配电系统运行安全,提高配电系统供电电压质量。运行方式优化用于保证配电系统运行的可靠性,主要控制配电系统网络结构和电源合理分布。实现这些高级应用需要配电自动化系统具有数据采集处理、拓扑分析、潮流计算和状态估计功能。

2.2.1 稳态性能提高

稳态性能是指配电系统未发生故障正常运行时的特点和性能,主要指配电系统有功功率传输正常、电压维持在合理范围内。稳态性能提高指配电系统自动化技术维持系统稳态性能采取的控制调节措施。

2.2.1.1 配电系统有功功率控制

配电系统有功功率控制是配电系统潮流分布控制的主要内容。潮流分布控制是在确定目标为网络损耗最小的前提下,满足用电负荷要求和电源控制要求限制,兼顾各配电设备输送能力进行的配电系统有功功率控制调节。有功功率调节目标是实现配电系统输电功率满足负荷功率需要,保持动态实时功率平衡。有功功率调节通过负荷预测提前调用电力系统中发电电源设备并保证一定的发电容量备用,通过配电系统能量管理系统实现发电输出功率自动跟踪负荷波动调节。发电电源的自动发电控制是实现电力系统有功功率调节的基础。电力系统一次调频和二次调频是进行有功功率调节、维持系统稳定运行的重要手段。

传统的配电系统是不具备有功功率直接调节手段的,主要通过电力系统中发电设备自动发电控制实现有功功率控制。随着配电系统中柔性输电设备的和新能源发电设备的引入,现代配电系统具有了有功功率调节能力。柔性输电设备借助电力电子设备可以实现对传输功率的控制调节,新能源发电设备可以同时实现有功功率和无功功率的灵活控制调节。与电力系统发电设备控制调节相比,配电系统有功功率控制的调节范围和深度要弱一些。配电系统有功功率控制调节的另一个手段就是通过负荷控制实现,通过间接手段影响用户需求,实现对负荷波动幅度的逆调节,如鼓励用户在电网负荷较低的后半夜用电。

2.2.1.2 配电系统无功功率控制

配电系统无功功率控制主要是为了维持系统电压在合理水平。合理的电压水平是电

力系统有功功率传输和负荷正常工作的保证。无功功率控制主要手段包括发电设备调
节、无功功率调节设备调节和变压器分接头调节。随着新能源发电设备的接入,配电系统
电压分布更为复杂,电压波动更为频繁,再加上中低压配电系统电压测量的不完备性,配
电系统无功功率控制和电压调节都更困难。电压监测和控制是配电系统无功功率管理的
目标。通过对系统电压和无功功率关系的测定,并根据测定关系,通过对配电系统无功功
率管理实现对配电系统电压的控制调节。

配电系统无功电压控制方式包括集中控制、分散控制和联合控制。集中控制是将配
电系统节点电压、无功和有功等信息集中汇总,通过专门的高级应用软件,利用状态估计
方法补全配电系统信息,进行集中优化技术分析,再将调节控制指令下发到配电系统各无
功调节设备,完成无功调节,实现对配电系统电压的控制。分散控制直接采集就地信息进
行周围设备的控制调节,可以降低无功电压控制对通信设备的依赖,但会造成分布式电源
参与电压控制而降低发电效率,也无法实现控制器基于拓扑信息的全局优化。联合控制
可以充分利用集中控制和分散控制的长处,规避集中控制结构通信压力大、延时长、计算
量大、无法全局优化等问题,在无功电压控制分区分散控制基础上增加了区域协调控制,
是比较理想的选择。

2.2.2　动态性能提高

动态性能提高指配电系统在发生故障、不可预知事件、紧急情况下采取的措施,主要
包括保护系统、稳定系统自动断开相应断路器的隔离、解列和转换,常常伴随着网络重构,
主要目的是保证尽可能多的用户供电正常。

2.2.2.1　配电系统网络重构

配电系统网络重构是通过配电系统自动化技术实现的配电网络拓扑结构改变,一般
通过断路器、保护和自动装置配合实现。配电系统网络重构分两种情况,系统正常运行时
提升配电网络运行状态,系统出现故障时尽快恢复最多用户供电。常见的配电网络重构
自动装置包括备用电源自动投入(备自投)装置、重合闸装置和低频减载装置。

实现配电系统网络重构需要先确定配电系统最优拓扑结构。配电系统最优拓扑结构
是指根据电压调节、负载和功率因数确定的配电系统损耗最小的运行方式。最优拓扑结
构通过潮流计算探索查找,常见的方法有启发式算法、线性规划算法、神经网络算法、模糊
逻辑算法、模拟退火算法、遗传算法、专家系统算法和其他算法。确定最优拓扑结构后通
过遥控断路器操作实现网络重构,使得网络结构尽可能接近最优拓扑结构。配电系统中
配合网络重构的遥控断路器的配置是关键,一般以提高可靠性和灵活性为主要目的。无
论是以改善运行状况的网络重构还是以恢复供电为目的的网络重构,都要注意满足约束
条件。这些约束条件包括变压器和线路不过载、电压降在安全裕度范围内、系统保持辐射
状、设备操作不超过规定次数、重要负荷应首先恢复供电、系统尽可能平衡、保护与系统状
态协调。网络重构的实现方式包括集中控制和就地控制,集中控制便于全局控制,但对于
通信网络依赖性较强;就地控制降低了对通信网络的依赖,只能实现局部优化控制。

备自投装置与双电源配电系统配合使用,以提高配电系统供电可靠性。备自投装置
用于单母线分段接线系统时,通过分段断路器实现备用电源自动投入;备自投装置用于单

母线接线系统时通过自动投入备用进线断路器实现备用电源自动投入。备自投装置需要判断电源电压、母线电压、进线断路器和母联断路器位置,根据电源和断路器位置信号判定工作模式。备自投工作模式包括进线备自投模式和母联备自投模式。进线备自投模式适用于无母联(分段)断路器的接线系统,母联备自投模式适用于有母联断路器的接线系统。备自投装置在检测到双电源中的一路电源电压丢失后,如果另一路电源电压正常,会断开失电电源供电断路器,合上母联断路器,实现通过备用电源向失电母线供电。当检测到失电电源电压恢复时,会断开母联断路器,合上电源供电断路器,恢复到双电源供电方式。配电系统中分段(联络)断路器配备有自动投入或自动解列装置。根据配电系统运行控制或故障处理的需要,将分段断路器或备用电源断路器自动投入,或将联络断路器断开,实现开环解列运行。

重合闸装置是在供电断路器断开后短时间内再试着合上断路器恢复供电的装置。如果供电正常,则恢复供电;如果供电断路器再次断开,则不再合闸。重合闸装置设置是基于架空线路运行过程中存在瞬时性故障,断电后可以恢复的情况,也可以纠正断路器机构等原因造成的误分闸。重合闸根据动作相数分为单相重合闸、三相重合闸和综合重合闸,根据动作次数分为一次动作重合闸和二次动作重合闸,根据系统接线情况分为单电源线路重合闸和双电源线路重合闸。双电源线路系统中重合闸要考虑同步问题。110 kV 以上电压等级的配电系统中,发生单相故障概率较大,可以根据需要选用综合重合闸,实现故障相分闸后再重合;如果系统不允许非全相运行,则断开三相后不再重合;若发生相间故障,则实行三相重合闸。对于中低压配电系统和采用电缆供电的配电系统,一般不采用重合闸。因为中低压配电系统断路器不能分相操作,电缆故障一般为永久性故障。

低频减载装置是配电系统中出现较大有功功率缺额无法短时间内增加有功功率供给时自动切除一部分负荷的安全自动装置。虽然负荷静态频率特性表明负荷消耗的有功功率随着频率增减可以在一定范围内增减,这在一定程度上可以维持电力系统稳定,但当电力系统出现较大有功功率减少时,系统频率将会降低并危及系统安全运行。与无功功率补偿不同,由于电力系统内占绝大部分的火力发电设备无法快速增加有功功率调节,为了维持系统安全稳定运行,将不得不采用切除一部分非重要负荷的方法来阻止系统频率降低。低频减载装置根据设定的频率变化情况,自动断开断路器并切除一部分预先设定的非重要负荷。低频减载装置分多级试探性进行,需要合理确定减载装置的级差和各级的最优切除负荷数值。一般低频减载装置动作范围为 2~3 Hz,分 5~7 级。低频减载装置动作时限设置可以避免自动装置误动作,又能保证及时采取减载措施。为了避免低频减载装置动作过程中出现维持在一较低频率又不能继续动作的情况,设定了附加级进行补救。

2.2.2.2 高级配电自动化

作为电力系统自动化的一个分支,配电自动化是对配电系统运行管理的重要技术手段,其主要功能包括数据采集控制和网络分析。数据采集控制功能完成对配电系统设备网络运行数据的收集汇总分析,并根据运行控制和优化需要发出控制指令完成对配电系统的调节控制。网络分析功能主要完成潮流计算、短路电流计算、电压控制、自动网络在线重构、故障定位和自动供电恢复、安全保护系统、用户侧负荷管理、高级测量、需求侧管理、负荷管理。随着技术进步,现代配电系统增加了新能源发电系统,其状态感知能力也随着高级测量技术的广泛应用日益增强,传统配电系统自动化功能也赋予了新的内容,升级为高级配电自动化。对新能源发电的高效融合、需求管理和高级资产管理成为配电自动化新亮点。

新能源发电系统接入配电系统成为新的趋势。新能源发电系统的间歇性、波动性、单相接入等特点为配电系统的稳定运行带来了巨大挑战。新能源消纳成为配电系统的重要技术难题。储能系统成为解决新能源发电系统不稳定性的重要技术手段,无功补偿电力电子设备、有源无源滤波设备、双向逆变器等设备为新能源发电系统接入引起电压、谐波等问题的应对提供了可行的技术措施。

智能电表等高级量测设备的应用为更准确感知配电系统运行状态提供了可能,从而为采取对策引导用户需求转移提供了依据。通过分时电价可以利用价格杠杆来调节电价敏感用户的需求。对配电系统设备状态信息的采集分析,可以优化设备检修计划,实现降低设备维护费用、减少设备停电时间;通过对设备运行状态的优化调节控制,可以延缓设备更换。同步相量测量技术实现了将更大范围内不同地点的电压或电流信号按统一时间进行标定,这为广域测量提供了技术基础,从而为广域控制保护提供了可能。基于同步相量测量技术的典型应用包括线路参数计算、状态估计、输电线路稳定监控、电压稳定监控、线路传输功率稳定控制、发电模式控制调节等。

2.3　配电系统保护

配电系统保护是为能及时准确检测到配电系统故障或非正常紧急情况采取隔离或处置的技术手段。配电系统保护包括测量部分、逻辑部分和执行部分。测量部分完成输入检测量与设定定值的比较,做出保护是否应该动作的判断。逻辑部分根据测量部分的输出结果,完成一定的逻辑判断,决定是否应该输出信号给执行机构。执行部分根据逻辑部分输出结果,最后完成保护功能,故障时动作于跳闸,不正常运行时发出信号,正常运行时不动作。保护经历了由继电器组成的机电式保护装置、以半导体晶体管为主的电子式静态保护装置、高度集成电路保护装置到功能日益完善的微机保护装置四个发展阶段,根据保护对象不同,功能也有所差异,但基本功能要能区分保护对象的正常运行状态和非正常运行状态。保护按检测对象分为电流保护和电压保护等,配电系统中常见的保护是电流保护,主要包括变压器保护、线路保护、电动机保护等。

2.3.1　配电系统保护的基本要求

配电系统保护的基本要求是实现配电系统保护动作的选择性、速动性、灵敏性和可靠性。

选择性指保护能准确区分故障元件并将其隔离,同时最大程度地保证系统中其他部分正常运行,尽可能缩小停电范围。实现保护的选择性的基础是合理地划分保护单元,设置相应的检测元件,并做好配合,避免出现无保护的盲区。选择性还要考虑保护失灵拒绝动作的情况,一般通过设置后备保护来实现。后备保护分为远后备保护和近后备保护两种。远后备保护是指通过相邻元件保护实现备用保护的情况。近后备保护是指通过冗余方式设置的备用保护。远后备保护简单经济,当保护装置、断路器、二次回路和直流电源引起保护拒绝动作时均能发挥备用保护功能,应优先采用。远后备保护不能满足要求时,才考虑近后备保护。保护的冗余配置也是为了提高主要设备保护可靠性而采用的必要技术措施。

速动性是指保护应在故障发生时在尽可能短的时间内动作切除故障。速动性是降低保护对象损坏程度的要求,也是提高配电系统运行稳定性的保证。保护动作时间包括保护装置动作时间和断路器动作时间。对于 10 kV 以下电压等级的配电线路故障及大容量变压器和电动机内部发生的故障,不允许延时切除故障。

灵敏性是保护反应保护范围内故障或不正常运行状态的能力,一般用灵敏系数来衡量。灵敏系数随被保护元件、配电系统参数、运行方式变化而变化。

可靠性是指保护在其保护范围内发生故障时应确保能正确动作,不应拒绝动作;同时包括在不应该动作时不动作,不发生误动作。保护动作可靠性与保护组成元件的质量、接线形式、回路中接点数量有关,也受制造工艺、调整调试、维护质量和运行经验影响。保护的可靠性与配电系统和负荷情况有关。如果配电系统结构完善,保护动作对系统影响较小时,应提高保护的动作率;相反,如果配电系统比较脆弱,保护动作对系统影响较大时,应防止保护拒绝动作。

配电系统是多种配电设备的组合,在这种组合中,保护之间的配合是保护的设置、整定计算和运行过程中要重点考虑的问题。良好的保护配合能更好地实现保护功能,为配电系统的安全运行提供坚强的支撑。保护配合得不合理,容易造成停电范围的扩大或者是损失的扩大。保护配合是对保护动作时间、保护定值、保护类型的优化组合。上下级保护的配合优先选用定值配合,这样可以保证速动性。如果定值无法满足配合要求,应通过延长保护动作时间来实现保护动作先后顺序的配合。

2.3.2　电流保护

电流保护是配电系统常用的保护。电流保护通过监测回路中流过电流是否超过设定值来判断系统故障的发生,然后动作于断路器将故障区域隔离。这是基于系统发生故障时会出现较大的短路电流做出的判断。电流保护包括电流速断保护、限时电流速断保护和过电流保护。

2.3.2.1　电流速断保护

电流速断保护是仅反映电流增大而瞬时动作的电流保护。在保证系统稳定和重要用户供电可靠性的前提下,电流保护应尽快动作将故障隔离。对于长输电线路或多级配电系统,为了保证保护动作的选择性,一般按照躲开下一级线路出口处短路的条件整定。对于快速切除故障是首要条件的情况,电流速断保护可以无选择性地动作,再通过自动重合闸来纠正。

单电源辐射状配电系统网络中,在一定运行方式下电力系统发生短路时,三相短路电流可以用下式计算:

$$I_d = \frac{E_\Phi}{Z_s + Z_d} \tag{2-1}$$

式中：I_d 为短路电流；E_Φ 为系统等效电源相电势；Z_s 为保护安装处到系统等效电源之间的阻抗；Z_d 为保护安装处到短路点之间的阻抗。

由式(2-1)可以看出，短路电流的大小随着故障点与电源的距离增大而减小。当系统运行方式及故障类型变化时，短路电流也将改变。一般情况下，最大运行方式下三相短路时，保护装置检测到的短路电流最大；最小运行方式下两相短路时，短路电流最小。

保护装置启动电流用 I_{dz} 表示，实际应用中用保护动作电流表示，也是保护整定计算中的整定值。当保护装置检测到的短路电流大于保护定值 I_{dz} 时，保护装置动作。电流速断保护定值按照线路末端母线处短路整定，计算公式表示为

$$I_{dz1} = K_{K1} I_{dmax} \tag{2-2}$$

式中：K_{K1} 为可靠系数；I_{dmax} 为线路末端母线处短路电流。

可靠系数是为了保证整定值能使得保护范围以外故障时保护不动作，一般取大于1的数值，电流速断保护取 1.3。这样整定的保护定值将不能保护线路的全长。速断保护的保护范围也就是其灵敏度，一般以线路全长的百分数表示。灵敏度校验采用最小运行方式下两相短路电流来计算。一般要求线路最小保护范围为 15%。电流速断保护简单可靠，但是其保护范围受系统运行方式的影响较大，当系统运行方式变化大或被保护线路较短时，可能出现无保护范围的情况。

实际接线中，保护装置获取的是电流互感器二次侧的电流，需要将计算中的短路电流折算到二次侧。保护装置输出接点容量不足时，要通过中间继电器驱动断路器跳闸回路。如果线路设有避雷器，保护装置应躲过避雷器放电动作时间，一般为 0.04~0.06 s。

2.3.2.2　限时电流速断保护

限时电流速断保护作为电流速断保护的后备保护，能保护线路全部范围。限时电流速断保护在下一级保护出口处短路时启动，为了保证电流速断保护先动作，需要为其增加一定延时。增加的延时与保护延伸的范围有关。为了尽可能缩短限时电流速断保护的延时，将限时电流速断保护的保护范围限定在不超出下一级线路电流速断保护的范围。限时电流速断保护整定值就与下一级线路电流速断保护配合，整定计算如下：

$$I_{dz2} = K_{K2} I_{dz1n} \tag{2-3}$$

式中：K_{K2} 为可靠系数，取 1.1~1.2；I_{dz1n} 为下一级保护电流速断保护定值。

限时电流速断保护的动作时间：

$$t_2 = t_{1n} + \Delta t \tag{2-4}$$

式中：t_{1n} 为下一级电流速断保护动作时间；Δt 为时间级差。

时间级差应包括下级保护中断路器动作时间、下级保护中继电器动作时间、本级保护中继电器提早动作时间和测量元件延迟返回的惯性时间，并适当增加一定裕度。可以看出，时间级差与保护装置类型和断路器有关，一般在 0.35~0.6 s。

限时电流速断保护的灵敏性用灵敏系数 K_{lm} 来表示。灵敏系数应在系统最小运行方式下末端发生两相短路情况下计算进行校验。限时电流速断保护的灵敏系数应在 1.3~1.5。

$$K_{lm} = \frac{\text{保护范围内发生金属性短路时故障参数的计算值}}{\text{保护装置的动作参数}} \tag{2-5}$$

如果限时电流速断保护灵敏性不能满足要求,应进一步延伸限时电流速断保护的保护范围,整定计算时与下级保护的限时电流速断保护定值配合,动作时限应在下级保护的限时电流速断保护动作时间上增加时间级差,一般取 1~1.2 s。

2.3.2.3　过电流保护

过电流保护是按照躲过最大负荷电流整定的保护,它能保护线路全长,且可以作为后备保护。为了保证在外部故障切除后,保护装置能可靠返回不动作,实现保护的选择性,需要考虑配电系统中接入特殊负荷电动机自启动的影响。综合考虑这两种情况的影响,过电流保护整定时引入了自启动系数和返回系数。

$$I_{dz} = K_K \frac{K_{zq}}{K_h} I_{fmax} \tag{2-6}$$

式中:K_K 为可靠系数,取 1.15~1.25;K_{zq} 为自启动系数,数值大于1,取决于网络具体接线和负荷性质;K_h 为电流继电器的返回系数,取 0.85;I_{fmax} 为最大负荷电流。

过电流保护的动作时限按照选择性原则确定。从配电系统最末端开始,逐级增加时间级差来实现选择性。最末级过电流保护动作时限为保护和断路器固有动作时间,可以实现快速动作,过电流保护可以作为主保护兼后备保护。越靠近电源侧的过电流保护动作时间越长,这样配电系统故障时电流越大动作时间越长,对于保护系统设备是不利的。保护动作时限按照确定的整定时间固定的过电流保护称为定时限过电流保护。

为了避免出现故障时电流越大、动作时间越长对设备越不利的情况,反时限过电流保护应运而生。反时限过电流保护动作时限随被保护线路中电流增大而减小,即可以实现距离故障点越远动作越快,这在一定程度上可以实现速动性和选择性的要求。在多级反时限过电流保护配合中,需要根据线路始端(靠近电源端)短路电流和保护动作时间配合来选择保护动作时间曲线,以便同时满足电流动作和时间的要求。

过电流保护的灵敏度校验采用灵敏系数计算,灵敏系数计算公式同式(2-5),采用最小运行方式下两相短路电流进行校验。需要注意的是,作为线路主保护时,应采用本线路末端两相短路电流计算,要求 $K_{lm} \geq (1.3~1.5)$;作为后备保护时,应采用相邻线路末端两相短路电流进行校验,此时要求 $K_{lm} \geq 1.2$。过电流保护之间的配合要求靠近故障点的保护具有更高的灵敏度。后备保护之间配合时,需要同时满足灵敏系数和动作时限配合的要求。

2.3.3　保护整定综合优化

电流速断保护、限时电流速断保护和过电流保护的组合可以实现线路保护的快速、有选择性地切除故障,且能满足多级保护之间选择性和速动性的配合。电流速断保护反映本级保护内的故障并能快速动作;限时电流速断保护可以弥补电流速断保护范围未覆盖范围的本级保护,同时作为电流速断保护的后备保护;过电流保护按照躲过最大负荷电流整定,可以提高灵敏度,解决电流速断保护灵敏度不足的问题。

配电系统以单电源辐射状网络为主,对于最末端较短线路的保护,可以设置瞬时过电流保护,按照躲过电动机启动最大电流整定,既可以实现全线路保护,又可以实现快速动作。上一级保护一般配有变压器,变压器和配电线路组合可以设置第 1 级保护。对于变压器线路组合,为了实现对变压器故障的快速切除,设置电流速断保护。由于变压器阻抗较大,变压器线路组合一般能满足灵敏度要求。变压器线路组合同时设置带延时的过电流保护作为后备保护。靠近电源的第 3 级保护,过电流保护要和第 2 级保护配合,动作时限增加要达到 1~1.2 s,一般要同时设置电流速断保护和限时电流速断保护。电流速断保护按照本级保护范围内最远处故障电流整定,限时电流速断保护按照与下一级速断保护配合整定,过电流保护按照躲过最大负荷电流整定,这样设置保护并实现保护配合,在保护和断路器不拒动情况下,可以实现在 0.5 s 内切除故障。

需要注意的是,配电系统末端工业负荷中心往往有许多电动机,电动机启动电流可以达到 5~7 倍额定电流,启动时间可以达到 15~20 s,这就为整定过电流保护带来困难。对于不含重要设备的配电系统线路,可以通过延长保护动作时限来躲过电动机启动电流,但这不利于快速切除故障。工业控制系统中采用软启动器控制可以有效降低电机启动电流,同时缩短电机启动时间。一般通过增设电流速断保护来改进。电流速断保护一般按照 8~10 倍额定电流整定,动作时限设为 0 s。

配电系统保护整定综合优化的重点是对各区域、各元件保护整定的配合分析,其目的是提高供电可靠性。对于多级配电系统,各级保护之间的配合更为重要。保护配合包括完全配合、不完全配合和完全不配合。完全配合指上下级保护之间的定值和时间都满足配合关系,即上下级保护之间的定值和时间都满足选择性。不完全配合是上下级保护之间只能通过保护定值或者时间配合来满足选择性。完全不配合是上下级保护之间的定值和时间均不满足配合关系,只能牺牲选择性,扩大停电范围。显然,完全配合是最优选择,不完全配合是其次,完全不配合是最后选择。保护整定综合优化是要尽可能实现上下级保护之间整定的配合来实现选择性,尽可能缩小故障停电隔离范围。

配电系统保护整定综合优化需要兼顾运行方式变化。配电系统运行过程中,除发生故障被动进行配电系统网络结构调整外,还包括停电检修、备用电源投入等情况。保护定值整定是根据一定运行方式计算整定的,运行方式改变后保护定值能否兼顾需要考虑,必要时要根据运行方式调整保护定值。

配电系统保护整定综合优化需要兼顾各元件运行情况和承受能力。在配电系统中,保护动作电流要高于配电设备正常工作电流,故障情况下动作电流要远远高于工作电流。断路器的开断能力需要满足断开故障电流的要求,动作时限要考虑配电设备能承受的热稳定情况。这是配电系统规划设计中应校核的内容。对于运行中的配电系统,要关注配电系统接入系统及接入负荷的变化情况,定期及时进行校核,以确保配电系统设备保护有效。

2.4　配电系统通信技术

配电系统通信技术是现代配电系统运行控制和管理的重要支撑技术。应用于配电系统的通信技术通过一个通信网络将配电系统各环节连接起来,完成配电系统的信息采集和控制。配电系统通信网络随着用户管辖设备和范围的变化而变化,主要的支撑技术包括企业级的总线集成技术、基于 IP 通信网络技术的配电网络级的广域测量控制技术。配电网络级通信包括连接配电系统控制中心、通信主站及子站的骨干级主网和连接各配电终端的分支网络。支持配电系统通信网络的技术包括广域网(Wide Area Network, WAN)、现场区域网络(Field Area Network)、有线网络和无线网络。

2.4.1 数据通信网络

数据通信网络是由通信链路连接通信节点组成的网络,实现各节点之间的信息交换。数据通信网络特指通过数据传输信息的通信网络,是现代通信网络的主流形式。传输的信息需要在传输前转换成数据信息,在数据通信网络上传输。数据通信网络包括拓扑结构组成及控制信息传送的通信协议。

组成通信网络的节点包括终端节点和中间节点,终端节点包括发出信息的主节点和接收信息的宿节点。这里的节点可以接收信息也可以发出信息,还可以短时间储存信息。组成通信网络的链路是双向的,信息可以向两个方向传送。通信网络链路可以是铜质导线类有线媒介或光纤类有线媒介,也可以是空气这类无线媒介。物理通信介质可以分成若干信道,每个信道按照自己的速率进行数据信息传送。每个信道还可以分成若干二级信道。信道就是各节点之间的链路。通信传输通道由主节点,节点 1,节点 2,…,节点 n,宿节点组成。

通信分为基于链接的通信和非基于链接的通信。基于链接的通信是指通信时两个节点之间的链路是独占的,直到通信结束。这种通信方式可以保证通信节点之间数据传输的速率,即使实际没有数据传输也如此。这种通信方式不需要节点保留信息,也无延时。这就需要网络在通信开始之前为这次通信保留网络资源,通信结束时也有类似的过程,通信开始至结束时保留网络资源的过程称为开销(overhead),实际通信中这类开销并不大。通信之间的链接可以是虚拟的,此时通信节点之间的数据传输速率保证在约定传输速率之上。由于没有为通信保留专用网络资源,通信可以是多个虚拟通信链接共享通信资源,此时通信可能出现延时和数据丢失。除通信建立结束开销外,虚拟通信链接还包括虚拟通信链接标识开销。非基于链接的通信在传输数据时不需要先建立链接,但需要数据传输时携带包含目的节点信息的数据,这些数据称为协议数据单元(Protocol Data Units)。

网络节点向网络发送的协议数据单元称为数据包。数据包包含了传输的数据信息和报头。报头用于储存开销、目的节点、源节点、传输最大字节等信息。网络规定了网络传输数据包的最大容量及传输数据包的格式和报头(报尾)信息。用于约定网络数据传输的规则就是网络协议,包括传输数据包的大小、报头格式、目的节点、链接建立结束等数据信息。网络协议还包括将较大信息分割封装、传输、重建信息的规则等。

通信网络一般按照覆盖范围大小分为局域网(Local Area Network)、广域网(Wide Area Networks)和城际网络(Metropolitan Area Networks)。局域网是指在建筑物内或一定范围建筑群内的网络,除此之外的网络就是广域网。有时将局限于城市的网络称为城际网络。在配电系统网络通信中,广域网指连接公司不同地点的网络,一般由用户自有光纤或微波设施组成。连接远程节点的网络被称为现场区域网络(Field Area Networks)。有时把小范围内节点组成的网络称为邻域网络(Neighbour Area Networks)。

2.4.2　数据通信网络协议

数据通信网络协议是数据传输中约定的规则,遵守和执行这些规则可以实现有效的数据信息在数据通信网络中传输。在通信协议中,常见的是基于分层的开放互联系统参考模型,这个模型将网络协议分为 7 层:物理层、链路层、网络层、传输层、会话层、展示层和应用层。这 7 层中每一层为其上一层提供通信服务支持。实际应用中,网络协议可能是其中若干层的组合,配电系统通信协议中常见的模型结构包括物理层、链路层、网络层和应用层。实际应用中可以只有物理层和应用层,有时将物理层和部分链路层整合为媒体接入层(MAC)。网络协议 IP 是更广泛意义上的网络协议层,TCP 和 UDP 也不完全对应开放互联模型中的传输层。MPLS 是兼有链路层部分功能和网络层部分功能的协议层。

2.4.2.1　物理层数据通信处理技术

物理层定义了连接网络节点的媒介传输二进制位数据信息的规则。如果媒介被划分为不同的信道,则可同时定义相关信道的通信传输规则。物理层完成信号源节点对信号的调制及接收节点对信号的解调。最简单的信号编制规则是用一定的电压来标识 1 和 0,但这种方式只适合短距离信号传输。长距离信号传输需要借助一定频率的正弦波,正弦波的幅值、频率和相位等信息需要进行约定,以便在接收端完成对传输信息的解码。这类正弦波称为信号载波 C。调制信号是多种频率的正弦波信号的综合。调制信号同时传输不同信号源的不同频率的信号会引起相互干扰,信号传输介质传输信号的频率也有限制,更高频率的信号将无法传输,因此每种传输介质都有其截止频率。这样,每种传输媒介就可以分成多种信道,并确定其对应的载波频率。

2.4.2.2　链路层数据通信处理技术

链路层的主要功能是保证通信节点之间数据帧的可靠传送。传送的数据帧包含报头、主体和报尾。几乎所有的报文尾部都包含用于检测传输过程中错误的校验信息。多数链路层协议都是基于高水平数据链接控制(High-level Data Link Control,HDLC)标准的改变。设备厂商会在协议中增加关于厂商特征的信息,报头中增加目的地址信息,报文尾部信息中增加确认程序。确认程序是指在一定时间内没有收到信息传送到位确认信息后允许发送节点重新发送信息。帧序号或数量信息可以用于辅助确认程序,同时可以用于流量控制。HDLC 数据帧包括 2 位报头和报尾。两个连续的数据帧通过 8 位序列数标识来划分。除包括用于网络层的传输信息外,还包括一些必要的用于控制数据传输的开销,如建立和终止链接的控制帧、确认控制帧等。

常见的链路控制协议包括点对点协议、基于同步光纤网络的数据包传输协议、多链接点对点协议。多链接点对点协议可以实现在多个物理层数上布设一个链路层服务,从而提高数据传输速率。帧中继服务提供虚拟链接服务,通过增加数据链接识别号(Data Link Connection Identifier)来建立数据节点与帧中继之间的链接识别。帧中继协议使得在一条物理层上可以实现多个链路层服务。

载波多路接入冲突监听(Carrier Sensing Multiple Access)协议是以太网采用的通信控

制协议,这是基于 IEEE 802.3 标准的最重要的物理和介质接入控制集成例子。在这种协议控制下,接入网络的站点连续对网络传输信息进行监听,如果没有信号传输,则进行数据发送至网络。发送的数据信息在网络上传输,网络上的所有站点都可以接收到此信息,但只有媒体接入控制地址与信息包中地址一致的站点才对信息进行处理(假设信息传输中未发生差错)。如果不止一个站点同时进行数据发送,则每个站点都监测到了冲突,因为每个站点都收到了同一个信息。此时,这些站点进行随机延时的等待,然后再次进行发送数据尝试。这种在网络上进行信息广播传输的机制和以太网数据帧格式在 IEEE 802.3 标准演进过程中保留了下来,交换机和光纤被广泛采用,使得以太网传送信息的范围和速率都得到了较大提升。电力线路通信和无线通信也多采用了 CSMA 协议技术。

2.4.2.3 网络层数据通信处理技术

网络协议(Internet Protocol)是支持两个节点之间通过任意互联形式提供数据路径的通信规则。IP 并不对网络物理介质特征、物理层、链路层特性进行特别要求。IP 首先要求对网络内的节点分配唯一的地址,这一网络地址是四个 8 位数的组合。实际上还需要对网络内网络层实体分配唯一的地址。网络运行管理中的节点称为路由器,路由器承担着为传输的数据信息寻找下一个节点的任务,这由路由协议完成。路由协议完成两个通信节点之间最优路径的选择,最优路径一般通过最少路由器数、延时和链路容量判断。路由协议完成根据网络拓扑结构生成路由表用于记录到达目的节点的路径,还包括对网络故障的监测并根据网络变化重新生成路由表。路由器不仅完成数据的传输,还包括对路由表信息的交换。网络层的服务是无链接服务,只是完成对数据包的传输,且不保证数据传输的可靠性和正确性,这种服务并无链接建立、错误检测和纠正、确认到达程序,这就产生了服务质量问题。在互联网中,为了保证数据传输质量,指定了优先处理的应用数据,常见的例子是对声音和图像的优先处理,这可以保证声音和图像的完整性和质量。对于配电系统而言,要求更高的计算机监控系统和继电保护通信具有最高的服务质量要求。

2.4.2.4 传输层数据通信处理技术

传输层协议主要包括传输控制协议(Transmission Control Protocol,TCP)和用户电报协议(User Datagram Protocol,UDP)。TCP 是传输层基于链接的数据传输协议,在 IP 网络中从发送端口到目标端口。TCP 支持数据传输确认和重发,同时采用数据序列号作为重组信息的依据,并采取了校验纠错技术,提高了数据传输的可靠性。TCP 需要占用路由器和链路资源进行数据传输,其报头占用位数甚至会超过 20 位。TCP 是对终端节点的数据传输控制协议,不涉及中间路由器。UDP 是非链接传输控制协议,其报头增加开销不大,对数据传输的可靠性要求不高,不设置数据重发和确认机制。同样,UDP 也是终端节点之间的数据传输控制协议,不涉及中间路由器。这样,在许多互联网应用中会采用 UDP,而不采用 TCP。

2.4.2.5 协议转换技术

为了支持在不同通信设施设备上的通信,需要将网络通信协议转换为旧设施支持的通信协议,这就是通信协议的模拟或封装。多协议标签切换技术(Multi Protocol Lable Switching,MPLS)就是一种对多种链路层协议的模拟,其功能包括了物理层、链路层和网络层的功能。MPLS 支持两个节点之间预先确定的路径的数据信息传输,利用每个 MPLS

路由器对信息走向进行标注,通过这种标签标注实现数据信息沿着预定的路径传送。大多数情况下,标签数据传输要比 IP 网络中的路由表数据传输速度快得多。MPLS 服务可以分为三种:虚拟线路链接服务(Virtual Pseudo Wire Service)、虚拟私有局域网服务(Virtual Private LAN Service)、虚拟私有路由网络(Virtual Private Routed Network)。虚拟线路链接服务模拟了物理层的 TDM 和链路层的点对点以太网和帧中继技术,虚拟私有局域网服务是对以太网广播域的模拟,虚拟私有路由网络是对私有 IP 网络的协议模拟转换。在实际应用中,这种虚拟的协议转换很多,如同步光纤网络设施之间的以太网链路层服务,MPLS 网络、以太网和 IP 网络中对 TDM 连接的模拟,IP 网络中链路层实体之间的链路服务,IP 网络中的网络安全等。在实际网络协议转换应用中,有时还会用到网关等硬件设备将两个不同协议网络链接起来。

2.4.3 配电系统通信网络

配电系统应用中的网络主要包括厂站内的局域网络和城市之间的广域网络。

配电系统局域网络是指在单个厂站范围内的网络。局域网络通过连接路由器或汇聚交换机与广域网络相连。局域网络内网络设备从配电设备的智能电子设备单元开始,这些智能单元实现对配电设备状态的采集和上送,通过网络实现与控制中心的通信,同时具备通过网络接收控制调节指令功能,实现对现地配电设备的控制调节。典型的应用就是厂站域内的计算机监控系统、保护和自动化系统等。这里的计算机监控系统指基于网络的计算机监控系统,与传统的基于点对点通信的计算机监控系统不同,新型的配电自动化系统应用的计算机监控系统是基于智能电子设备、母线通信和网络通信的通信控制网络。典型的以配电自动化为目标的网络结构分为两层,即过程处理层和母线层。过程处理层主要负责处理现地一定范围内的配电设备监视控制信息。母线层是基于现地控制单元组成的网络,实现各现地控制单元与控制中心控制主机的通信,从而实现厂站级的综合分析、优化等高级功能。

局域网络随着通信协议发展也在向更加高效、功能更丰富的方向发展。从最初的点对点串行通信发展到基于网络的多设备共同通信,从 Harrism 9000 和 MODBUS 发展到分布网络通信协议 DNP3,再到支持智能应用的 IEC61850,配电系统在先进通信网络技术的支持下,越来越智能化。DNP3 协议实现了多设备的统一时间标识控制,基于此协议可以实现现地智能电子设备直接与网络控制中心通信,现地控制单元不再成为必要的网络环节。IEC61850 支持面向对象的网络编程控制,提高了配电系统控制实时性的支持。IEC61850 协议网络可以在 4 ms 内产生变电站内的事件,并建立了对事件的响应机制,借助虚拟局域网通信技术,实现对包括保护控制在内的信息事件的分类处理和优先级处理。

配电系统广域网是覆盖较大区域的通信网络,一般指连接不同用户单位之间的骨干网络。这种骨干网络一般通过光纤连接,连接设备主要是路由器。光纤广域网可以实现长距离高速率通信,还具有容量大和抗干扰能力强的优势,成为主流趋势。为了提高可靠性,广域网的路由器之间一般至少设有两个物理连接通路。广域网络结构以路由器连接为主,不具体到通信设备的链路层和物理层。广域网络的通信协议以网络层为主。配电系统中的广域网通过两种途径建立,可以连接局域网组建,也可以通过租用公共网络服务实现。利用局域网络组建广域网络时,可以利用局域网络中的设备来充当广域网络的路由器,或者升级现有的设备来实现。租用服务商公共网络实现广域网络方式包括租用时分通信线路模式、租用帧继通信模式、租用城际以太网模式、租用虚拟私有局域网服务模式和租用虚拟路由网络服务模式。租用公共网络可以简化设备管理,采用一种或多种组合服务满足网络需求,但是要保证租用网络可靠安全,并满足性能要求。

借助汇聚路由器来实现广域网络的组建是新型的广域网搭建模式,这种模式可以避免大量应用信息的直接传输,简化网络结构,从而降低成本。典型的例子是变电站的能量管理、运行信息、表计信息、数据采集、控制、监视等应用数据通过当地的一个汇聚路由器与广域网络连接,甚至按管理范围将多个附近的变电站应用汇聚到一个路由器。虚拟网络设备技术和租用公共网络服务可以进一步降低运营成本。广域网络的组建结构取决于多种因素,这些因素包括网络应用及数据流量需求、网络接点位置、用户对网络路由器位置的限制、网络发展阶段和成本等。

广域通信网络的应用是现代配电系统发展的需要。随着配电系统的发展,分布式发电的接入、分布式潮流调节和控制需要更多地与输电网络和集中发电网络互动,促使电力系统向更智能、更环保、更安全的方面发展,这些目标的实现在很大程度上依赖于网络通信技术。随着网络通信技术在配电系统中的广泛应用,网络安全、效率和可靠性成为配电系统通信网络中需要重点关注的问题。

第 3 章　配电系统可靠性

配电系统安全运行的基础是配电系统的可靠性。配电系统可靠性是配电系统按可接受的标准和所需的数量不间断地向用户供电的能力。配电系统可靠性通过一系列指标来衡量,这些评估指标包括系统平均故障停电时间、系统平均停电频率、用户平均停电持续时间、瞬时平均停电频率和瞬时平均停电事件发生频率等。配电系统可靠性取决于其组成元件的可靠性,还与元件组合方式相关。这些元件包括输电线路、变压器、断路器及其他无功补偿设备等。元件可靠性受制造质量、寿命周期、运行环境等因素影响。配电系统可靠性管理是通过对影响其可靠性的因素进行分析、设计、控制和改进的过程。

3.1　配电系统可靠性计算

3.1.1　网络可靠性模型

可靠性可以通过系统可用率指标来衡量,即系统可以正常使用的概率。与可用率对应的是不可用率,通过系统停运持续时间来衡量。系统可靠性通过对系统元件组合的可靠性来衡量。配电系统每个元件可靠性都可以用一组参数来表示,常见的简单模型中用到的参数包括故障率和平均维修时间。故障率是指某个元件一年中发生故障的次数,用符号 λ 表示。平均维修时间(Mean Time To Repair,MTTR)是指故障修复的时间,用字母 r 表示。网络可靠性模型是基于元件可靠性的系统可靠性计算模型,对网络元件按串、并联处理得出系统综合可靠性。元件可靠性用可用概率 P 和不可用概率 Q 表示。用年故障率和平均维修时间来计算可靠性公式如下:

$$P = \frac{8\,760 - \lambda r}{8\,760} \tag{3-1}$$

$$Q = \frac{\lambda r}{8\,760} \tag{3-2}$$

串联关系是指两个及以上元件只有在它们都可用的情况下才可用的元件连接关系。并联关系是指两个及以上元件在其中一个可用就有效的元件连接关系。串联系统的可用概率可以用每个元件可用概率的乘积来计算。并联系统的不可用概率可以用每个元件不可用概率的乘积来计算。

以两个元件为例来计算串、并联系统的可靠性。首先做如下假设:

(1)每个元件的故障率为恒定值。

(2)故障后的停电时间服从指数分布。

(3)不同故障时间之间相互独立。

用 f、λ 和 r 分别表示整个系统的故障率、每个元件的故障率和每次故障维修小时数。

（1）串联系统可靠性。

$$f_s = \lambda_1 + \lambda_2 \tag{3-3}$$

$$f_s\lambda_s = \lambda_1 r_1 + \lambda_2 r_2 \tag{3-4}$$

$$r_s \approx \frac{\lambda_1 r_1 + \lambda_2 r_2}{\lambda_1 + \lambda_2} \tag{3-5}$$

（2）并联系统可靠性。

$$f_p = \frac{\lambda_3 \lambda_4 (r_3 + r_4)}{8\ 760} \tag{3-6}$$

$$f_p r_p = \frac{\lambda_3 r_3 \lambda_4 r_4}{8\ 760} \tag{3-7}$$

$$r_p = \frac{r_3 r_4}{r_3 + r_4} \tag{3-8}$$

从可靠性计算公式可以看出，串联系统可靠性会降低，并联系统可靠性可以提高。

故障率 λ 是对不可靠性的度量。故障率和故障平均维修时间的乘积 λr 等于年强迫停运小时数，也用来度量强迫不可用率。故障平均维修时间 r 又被称作可恢复率。

复杂网络系统是由大量的元件串、并联组成的，计算复杂网络的可靠性时需要对网络进行简化。利用元件串、并联关系计算公式可以计算复杂网络分支的可靠性，通过元件的串、并联组合可以将多个元件简化合并成一个元件。简化后元件的可用性与原系统的可用性相同。

网络简化的另一个方法是最小割集法。此方法利用不可用元件最小数目来得到系统的不可用率。

3.1.2　可靠性计算方法

可靠性计算将配电系统可靠性评估从传统的经验评估推进到了量化评估阶段，为进一步比较提升系统可靠性提供了科学的手段。在建立了基于元件可靠性的配电系统可靠性模型后，可靠性计算就实现了数据、模型和算法的结合，为实现庞大复杂的配电系统可靠性评估工作借助计算机软件来实现奠定了基础。提高效率和精确度成为可靠性计算关注的重点。

常见的配电系统可靠性计算方法包括解析法和模拟法。解析法是通过建立可靠性模型进行数值计算得到系统可靠性的方法，包括网络法和状态空间法。解析法需要将设备或系统的寿命过程在假定条件下进行合理地理想化，其可信度高。但系统规模大、结构复杂，假定条件不成立时，采用解析法计算可靠性比较困难。模拟法是通过对系统设备参数的随机模拟，建立概率模型或随机过程，通过对模型或过程的观察或抽样试验来计算所求参数的统计特征，得到所求可靠性指标的近似值。模拟法的主要代表是蒙特卡罗模拟法。模拟法不受系统规模和复杂程度限制，更加灵活简单，但计算过程需要较长的时间。改进的可靠性计算方法包括故障遍历算法、故障模式后果分析法、网络等值法、最小路法、故障扩散法和分块算法等。通过网络结构简化和存储方式优化可以实现对算法的改进，以提高效率。将配电系统元件分类处理，建立包含初始状态、故障状态和修复状态的状态转移环进行计算,可以减小计算量,提高计算效率。

对可靠性模型的改进可以提高可靠性计算的精确度。可靠性模型改进包括对模型参数的优化、引入多状态模型、考虑二次系统影响、引入信息系统模型等。可靠性模型中参数的选择对计算结果有较大影响。传统方法是基于对历史统计数据分析得出的平均值作为模型中的参数,通常用于规划设计阶段的可靠性评估,难以满足运行阶段的定期评估分析比较。考虑设备寿命周期和运行环境差异的参数估计和选择成为必要的补充,这为配电系统实时动态评估提供了手段。可靠性模型参数选择包括基于个体检测、样本数据统计和参数估计修正选择三种方法,个体检测难以得出普遍性结论,样本数据统计难以展现评估对象的异质性,参数估计修正选择对专家经验依赖性强。结合评估对象实际基于影响参数故障率和维修时间的统计数据建立更精确的可靠性评估模型可以增强参数选择计算的针对性,更符合评估对象实际,从而提高可靠性计算的精确度。结合评估对象健康指数和监测数据精度的故障率则能反映随评估时间变化的可靠性评估,实现评估对象可靠性的实时动态评估。对配电系统可靠性模型中参数的修正方法还包括考虑不确定性的区间分析法、未确知数法和联系数法。随着配电网自动化程度的提高及新能源的接入,二次系统和信息系统对配电网可靠性的影响日益增强,这些因素成为配电系统可靠性计算中的重要内容。

3.2　配电系统可靠性管理

配电系统可靠性管理是通过技术和管理措施提高配电系统可靠性的过程。设立配电系统可靠性指标,将指标分解为可执行的、具体的技术措施和管理措施,通过技术措施和管理措施的实施来实现可靠性指标是配电系统可靠性管理的主要环节。

3.2.1　配电系统可靠性指标

配电系统可靠性指标包括系统平均故障停电时间、系统平均停电频率、用户平均停电持续时间、瞬时平均停电频率、平均停电事件发生频率、平均用电有效度等。负荷级指标包括年平均停运率和年平均停运时间。

3.2.1.1　**系统平均故障停电时间**(SAIDI)

系统平均故障停电时间是指一个统计期内(通常是一年)用户平均停电持续时间,用统计期内用户停电持续时间和供电总用户数的比来表示,单位为 min。

$$\text{SAIDI} = \frac{\sum 用户停电持续时间}{供电总用户数} \tag{3-9}$$

3.2.1.2　**系统平均停电频率**(SAIFI)

系统平均停电频率是指一个统计期内(通常是一年)用户平均停电总次数,用统计期内用户停电总次数和供电总用户数的比来表示,单位为"每个用户的停电次数"。

$$\text{SAIFI} = \frac{用户停电总次数}{供电总用户数} \tag{3-10}$$

3.2.1.3　用户平均停电持续时间(CAIDI)

用户平均停电持续时间是 SAIDI 与 SAIFI 的比值。

$$CAIDI = \frac{\sum 用户停电持续时间}{用户停电总次数} \tag{3-11}$$

3.2.1.4　瞬时平均停电频率(MAIFI)

瞬时平均停电频率定义为瞬时停电的平均次数。

$$MAIFI = \frac{用户瞬时停电总次数}{供电总用户数} \tag{3-12}$$

3.2.1.5　平均停电事件发生频率(MAIFI$_E$)

平均停电事件发生频率定义为瞬时停电事件的平均次数。

$$MAIFI_E = \frac{用户瞬时停电事件总数}{供电总用户数} \tag{3-13}$$

3.2.1.6　平均用电有效度(ASAI)

$$ASAI = \frac{用户用电小时数}{用户需电小时数} \tag{3-14}$$

3.2.2　配电系统可靠性管理措施

影响配电系统可靠性的因素包括设备可靠性、运行方式管理和检修管理。

配电系统可靠性取决于配电系统设备可靠性。设备可靠性提升措施包括提高制造质量、提高设备可靠性设计水平、提高设备安装调试可靠性等。对于配电系统运营单位,加强系统设计管理、选择质量好的设备、加强设备安装调试管理是提升配电系统的可行管理措施。将配电系统中的架空线路用电缆替代可以提升系统可靠性,选用弹簧操作机构的断路器替代液压或气动操作机构断路器可以提升系统可靠性,选用干式变压器替代油浸式变压器可以提升可靠性。配电系统网络结构的设计优化可以提升系统可靠性。采用双电源供电可以提升系统供电可靠性,采用"手拉手"环网供电可以提升可靠性,必要时采用三路电源供电方式。选择合适的供电半径及合理的供电负荷也是提高系统可靠性的措施。

配电系统运行方式管理是在运行管理中尽可能按照设计运行方式安排配电系统运行网络拓扑。尽可能保证系统有备用电源,保证系统两路以上电源投入运行,保证备用电源投入装置完好投入运行,这是运行方式管理中应考虑的提升运行可靠性措施。提升系统运行中监测控制自动化、智能化水平,借助自动化系统、防护系统和保护系统有效运用可以提升系统运行可靠性。通过有效的系统运行监视预警提前发现运行中的异常现象,做出必要的调整干预可以有效降低系统运行风险,降低配电系统运行故障和停电的频次和时间,提高系统运行可靠性。

配电系统检修管理包括检修计划管理和检修质量管理。检修计划包括预防性检修计划和故障后检修计划。减少检修次数和检修时间是提高配电系统可靠性的有效措施。根据配电系统设备状态适当延长设备检修间隔是新的趋势。检修时间的减少可以通过合理安排检修工作、提高检修工艺、提升检修人员技能来实现。检修质量管理是提升设备可靠性从而减少检修次数和检修时间的基础。

配电系统可靠性管理是一个系统工程。从配电系统可靠性指标统计分析开始,首先保证采集数据准确可靠性指标计算可信,在此基础上进行定期的、深入的可靠性指标分析,是对系统可靠性的有效监测。从可靠性指标变化中分析具体的原因,找出设备、操作、检修等可以落实的具体原因,并采取对应的改进措施是关键。加强设备系统寿命周期管理,对于设备投运初期和设备晚期的故障易发期,采取加强维护检修管理,加强备品备件管理,必要时及时进行设备升级改造,是保持和提升系统可靠性的必要措施。

第4章 配电系统运行管理实务

配电系统运行管理工作是一项综合性强的长期工作。运行管理的目的是保证管辖系统设备的安全稳定经济运行。为了实现这一目标,需要建立完善的运行管理制度和技术管理制度,需要培养责任心强、素质高的专业技术队伍。

4.1 运行管理制度

运行管理制度包括运行巡视检查制度、运行交接班制度、设备定期试验和轮换制度。

4.1.1 运行巡视检查制度

运行巡视检查制度是指运行值班人员当班期间要定期到管辖设备现场巡视检查设备,确保管辖设备处于正常可控状态。随着计算机监控系统的完善普及,运行值班人员可以实现对管辖设备系统的集中监视和控制,工业视频系统可以辅助运行人员对现场设备状态实时状况进行查看,但这还不能完全取代值班人员的现场巡视检查。因为计算机监控系统只能反映监测对象监测项目的变化,这些是满足配电系统运行管理的基础信息,不能完全反映设备运行过程中出现的异常声音、异常气味等情况。

电气设备巡视检查分为经常性巡视检查、定期性巡视检查和特殊性巡视检查。经常性巡视检查项目包括母线电压和频率、保护和自动装置、直流系统电压和绝缘等重要的运行设备。定期性巡视检查项目包括变压器及其辅助设备、操作过的设备、有紧急情况和重要缺陷的设备、熄灯检查、保护连片检查、蓄电池电压温度等。特殊性巡视检查是针对季节性、天气影响、故障后、新设备投运等特殊情况增加的设备巡视检查。

配电系统主要设备的巡视检查项目及标准分述如下。

4.1.1.1 配电盘柜

配电盘柜是配电系统动力中心的重要设备,其正常运行是配电系统正常运行的关键。配电盘柜包括高压配电盘柜和低压配电盘柜。配电盘柜检查的项目包括:

(1)配电盘柜断路器和负荷开关状态正常。按照当前配电系统运行方式,仔细核对配电系统配电盘柜断路器和负荷开关是否在正常合闸或分闸状态。正常运行的配电系统,其电源供电断路器(进线断路器)应该在正常合闸状态,供给负荷的断路器应该在正常合闸状态。重要的配电中心一般设置双路电源供电,这两路电源按照备用方式可以同时合闸供电,也可以一路合闸供电一路分闸备用。

(2)配电系统电压正常。配电中心设有观察母线电压的电压互感器柜,用于测量系统电压。配电系统电压正常变化范围为±5%,一般供电侧电压稍高。电压监测包括相电压和线电压,分别测量显示三相电压,可以监测电压不平衡情况。对于不接地运行的中压系统,允许单相接地短时间运行,可以通过切换相电压来判断接地情况。

（3）配电系统保护和自动装置运行情况。保护和自动装置设有装置异常告警指示灯，用于监测保护和自动装置是否工作正常。在保护和自动装置工作正常情况下，注意检查是否有保护和备自投动作信息。在保护和自动装置显示屏上会保留最近动作信息，相应的指示灯也会点亮。

（4）配电柜运行声音和味道。正常运行的配电柜不会有异常声响和味道。如果听到异常声响或闻到异常味道，应进一步检查是否有绝缘故障或放电现象。

4.1.1.2　变压器

配电变压器巡检项目包括变压器温度检查和声音及味道检查。变压器设有温度显示仪器，用于变压器绕组和铁芯温度监测。对于经常满负荷运行的变压器，应注意检查变压器温升情况。变压器设有冷却装置，达到设定温度后可以自动启动冷却装置，降低变压器温度。对于油浸式变压器，要注意观察变压器油位是否正常，有无渗漏情况。油浸式变压器设有呼吸器和干燥剂，注意检查干燥剂是否变色。油浸式变压器设有瓦斯继电器，用于反映变压器内部故障，应注意观察变压器瓦斯继电器是否发出信号或动作。变压器正常运行时声音平稳，无异常味道。如果变压器运行声音异常，应检查变压器负荷情况及是否有隐性慢性故障。对于采用顶部散热的变压器，应注意观察变压器顶部是否有影响变压器散热的情况，是否有雨水渗漏。

4.1.1.3　电力电缆

电力电缆巡检注意观察电缆是否受到损坏或有容易引起电缆损坏的情况。电缆巡检重点检查电缆绝缘情况、电缆接头及附件运行情况、电缆防火封堵情况。如果有电缆防火报警或灭火装置，应同时检查报警和灭火装置的完好情况。

4.1.2　运行交接班制度

运行交接班制度是针对运行工作特殊性设计的制度。交接班制度可以保证接班人员及时准确掌握设备系统运行信息，做出合理的安排。运行值班实行 24 h 工作制，一般采用三班倒换轮班工作方式。运行值班人员需要及时掌握配电系统运行参数变化范围，对于超出合理变化范围的参数采取控制调节措施。运行值班人员需要根据系统运行情况对设备运行方式做出及时调整。运行人员需要及时处理系统和设备异常、故障和事故，最大程度地保证系统正常运行。运行人员负责将需要检修的设备退出运行，完成必要的倒闸操作，做好系统设备检修安全措施。配电系统运行过程中的变化情况需要接班人员及时掌握。

为了将当前的系统运行情况和需要注意的事情做好交接，运行管理中设有值班日志和交接班制度。值班日志中详细记录当班期间系统运行情况，包括系统运行方式变化、巡检发现的问题、系统运行异常故障处理情况、设备检修安全措施执行情况等。此外，还包括定期工作开展情况，安全工器具使用、借用及完好情况，钥匙借用情况等。运行交接班制度要求交班人员与接班人员共同熟悉设备系统情况，交班人员交代当前系统运行情况及注意事项，主要包括系统运行方式、设备异常情况及需要加强监视的情况、工作票情况、安全措施准备情况和执行情况、安全工器具情况等。为了保证工作的连续性，避免在交接班时间前后安排需要时间较长的操作。如果遇到紧急情况需要处理，应选择合适的时间推迟交接班,必要时接班人员要参与协助工作。交接班完毕,交接班双方在值班日志上签字确认。

随着配电自动化技术、计算机监控系统和办公自动化的应用,配电系统运行情况、运行值班信息多数可以实现自动采集,但还需要人员审核并做好补充完善和整理工作。此外,用于监视配电系统运行情况的设备发热监视、设备状态监视、工业电视等辅助系统、火灾报警系统、电量采集系统、检修计划申报系统等信息也需要交接班人员熟悉,做好与上级调度系统、技术支持部门、检修部门、业务联系部门的沟通交流工作。

由于交接班工作中需要掌握大量信息,需要接班人员提前 10 min 左右赶往值班地点与值班人员进行交接。交接班双方在交接班室交代相关情况,交班人员主动介绍相关情况,接班人员积极接收记录相关情况。为了规范交接班工作,现场一般通过交接班制度将交接班相关要求进行规定,这提高了工作的规范性和效率。

4.1.3　设备定期试验和轮换制度

设备定期试验制度是对备用设备定期进行启动试验,目的是确保备用设备状态良好,随时可以投入运行。设备轮换制度是定期将主用设备和备用设备进行切换,目的是保证主用、备用设备使用情况尽可能均衡。

配电系统需要的定期试验包括:

(1)备用断路器定期试验。

(2)变压器冷却系统备用风机定期启动试验。

(3)变压器主备用风机(油泵)定期轮换切换试验。

(4)主要区域事故照明定期切换试验。

(5)监控系统备用电源 UPS 定期切换试验。

(6)直流系统电源定期切换试验。

(7)避雷器动作次数和泄漏电流记录试验。

(8)SF_6 设备压力监视记录试验。

设备定期试验轮换制度规定了设备定期试验、采集和轮换的周期、内容和项目。设备的定期试验轮换工作一般按照类别统计并形成规范表格,记录定期试验轮换采集的时间和内容。

4.2　运行安全管理

配电系统运行安全管理遵循《电力系统安全作业规程》(简称《安规》)。《安规》是电力行业多年经验积累总结的结晶,对于做好配电系统运行安全工作具有重要指导意义。运行安全管理包括保证安全的组织措施和技术措施、从事电气作业人员的安全管理、电气设备作业的安全措施等。

4.2.1　组织措施

保证安全的组织措施包括工作票制度、工作许可制度、工作监护制度、工作间断转移和终结制度。

工作票制度规定了利用工作票保证从事电气运行检修工作安全的具体规定。工作票是作业人员从事电气设备检修作业的凭证,用于通知运行人员并申请工作许可。运行设备系统开展电气检修工作需要办理电气第一种工作票、电气第二种工作票和带电作业工作票。电气第一种工作票适用于需要将高压电气设备停电的工作。电气第二种工作票适用于低压设备系统上的工作及不需要停电的工作。带电作业工作票适用于特殊情况下的作业。工作票上详细载明了从事电气工作的人员、工作内容、需要采取的安全措施、工作许可记录、工作变更终结记录。工作票实行工作负责人、工作票签发人和工作许可人三重把关。工作负责人根据工作内容确定工作需要的安全措施,工作票签发人进行审核确认,然后交由运行值班负责人审核,由工作许可人审核确认并执行,确保安全措施合理可行,符合现场实际。

工作许可制度是指通过办理工作许可来保证电气工作安全的组织措施。检修人员填写工作票并经工作票签发人审核签发后,提交运行值班人员申请检修作业。运行值班人员根据系统运行情况在保证安全的前提下执行检修作业需要采取的设备检修安全措施,并与检修人员一同确认安全措施后,双方在工作票上工作许可栏签字确认,许可设备检修工作。工作许可制度包括对工作时间的确认。电气检修工作应在许可的时间段开展检修工作,如不能按期完成检修作业,应办理工作延期手续,或重新办理工作票。如果作业过程中增加工作内容不需要变更安全措施,需要在工作票上注明,如果变更了安全措施,则需要重新履行工作票办理手续。

工作监护制度是指由具有专业技术水平和工作经验的人员担任工作组织者,对整个作业过程中的安全进行全程监视和提醒的制度。这是基于电气设备检修作业存在不完全停电情况,为了保证作业人员安全而采取的措施。工作监护制度还包括对电气作业检修安全措施执行过程中的监护。电气安全执行和倒闸操作需要两个人进行,一人操作一人监护,并执行唱票复诵制度,确保操作过程中操作人员清楚操作内容不出现理解错误和误操作。

工作间断转移和终结制度是指工作不能一次结束时需要采取相应的保留安全措施及人员撤离的注意事项。工作间断和转移时保留相关安全措施,开放工作通道,确保无影响其他设备运行安全的措施,不影响其他人员正常工作,并采取了提醒措施。复工时需要重新检查安全措施,工作人员需要在工作负责人或专责监护人带领下进入工作地点。需要在不同地点之间进行转移作业时,工作负责人要向工作人员交代带电范围、安全措施和注意事项。工作终结是指工作结束后要向运行人员交代检修工作情况、发现和遗留的问题,并与运行人员共同检查设备状况状态,在工作票上填写检修交代并注明工作结束时间,在工作票终结栏签字确认办理工作终结手续。工作间断转移制度保证了检修作业时间较长时临时中断采取的措施,是提示其他人员工作未完成的重要制度。工作终结制度则表明工作结束,运行人员可以将设备投运。投运前需要进行试验的,由运行人员进行加压试验。只有当同一停电系统所有工作票都已终结,并得到值班调度员或运行值班员许可后才能合闸送电。

4.2.2 技术措施

保证电气作业安全的技术措施包括停电、验电、装设接地线、悬挂标识牌和装设遮拦。

停电是将检修及作业的设备电源断开,从系统中隔离。停电设备的各侧应有明显的断开点,或应有能反映设备运行状态的电气和机械指示。应断开停电设备各侧断路器、隔离开关的控制电源和合闸能源,闭锁隔离开关的操作机构。高压开关柜的手车开关应拉至"试验"或"检修"位置。需要停电的设备包括检修设备、与工作人员工作中距离小于安全距离的设备、无隔离遮拦工作中容易触碰的邻近带电设备等。

验电是在设备停电后进行确认的必要措施。验电一般通过相应电压等级的验电器进行。验电前应先在带电设备上确认验电器工作正常。恶劣天气或无法直接验电时,330 kV 以上电压等级的电气设备可以采取间接验电。高压设备验电操作应戴绝缘手套,并保持与设备足够的安全距离。

验明设备确无电压时,应立即将检修设备三相短路并接地。接地通过合接地刀闸或装设接地线进行。可能送电的各侧均应接地。装设接地线应两个人进行,严禁碰触未接地的导线,严禁采用缠绕方式接地。装拆接地线应使用绝缘棒。装设接地线前应确保接地线完好,先接接地端,后接导体端,接地线应连接良好并可靠连接。拆除接地线应先拆除导体端后拆接地端。接地线应采用三相短路式接地线,并保证截面面积满足通过短路电流要求。

悬挂标识牌是对工作人员的提示措施。在工作地点悬挂"在此工作"标识牌,提示工作人员工作地点,并在工作地点周围装设封闭式遮拦,悬挂"止步,高压危险"标识牌。进入工作区域的通道应设置明显的"从此进出"标识牌。在一经合闸即可送电到工作地点的隔离开关操作把手上悬挂"禁止合闸,有人工作"标识牌,提醒其他人员不能操作此设备。对于悬挂标识牌的设备,工作人员应慎重对待,不能擅自移动或拆除遮拦、标识牌。

从事电气运行检修工作的人员应熟悉这些技术措施,并在实际工作中严格遵守相关规定。这些技术措施作为规程向所有工作人员发布,作为共同遵守和执行的工作规范,是保证作业安全的基本措施。

4.2.3 人员安全管理

人员是安全工作的核心。对设备系统的监视控制、维护检修和紧急故障事故处理都需要人的参与。提高人员的安全意识和安全技能是保证安全的重要途径。从事电气工作的人员应具备必要的工作安全知识和电气运行检修知识,熟悉电气系统,无妨碍电气工作的相关病症,掌握急救相关知识。

不安全对应的是危险、异常和事故。不安全因素包括设备因素、环境因素和人员因素。设备系统的不健康状态是不安全的诱因,这种状态因素的发现和处理程度取决于工作人员的责任心和专业技能。环境因素包括物的状态、照明、通风、温度等工程环境和自然环境。工程环境设计、设置及布置得不合理,与自然环境的结合就容易造成不安全状况。环境因素的不安全状况取决于工作人员的责任心、敏感度和专业技能。人员的不安全行为是安全意识和安全技能的外在表现。常见的人员不安全行为是习惯性违章,包括违章指挥和违章作业。违章指挥和违章作业的原因包括意识和知识的不足、侥幸心理和偷懒心理。

培训是提高人员的安全意识和安全技能的重要措施。安全教育培训包括管理人员安全教育培训、从业人员安全教育培训和日常安全教育。

管理人员安全教育培训主要内容包括：

(1)国家安全生产方针、法律、法规和标准。

(2)企业安全生产规章制度及职责。

(3)安全管理、安全技术、职业卫生等知识。

(4)有关事故案例及事故应急管理等。

从业人员安全教育培训主要内容包括：

(1)学习必要的安全生产知识。

(2)熟悉有关安全生产规章制度和安全操作规程。

(3)掌握本岗位安全操作技能。

日常安全教育主要内容包括：

(1)学习国家和政府的有关安全生产法律法规。

(2)学习有关安全生产文件、安全通报、安全生产规章制度、安全操作规程及安全生产知识。

(3)讨论分析典型事故案例,总结和吸取事故教训。

(4)开展防火、防爆、防中毒及自我保护能力训练,异常情况的紧急处理及应急预案的演练。

(5)开展岗位技术练兵、比武活动。

(6)开展查隐患、反习惯性违章活动。

安全教育培训分级进行。公司(厂级)安全教育培训由公司安全管理部门组织,部门级安全教育培训由部门安全科室组织,班组安全教育由科室组织。新进人员要经过公司、部门和科室三级安全教育培训后才能正式上岗。新进人员和外委人员安全教育培训还包括工作场所、工作岗位相关情况介绍,以及工作场所危险因素和防范措施。

4.2.4　风险管理

风险管理是安全管理关口前移、主动管控、加强预防管理的重要措施。从注重事故管理到注重过程管理的隐患排查治理,再转向事前预防为主的风险管理,是安全管理方式的改进和提升,对于遏制重特大事故和提升安全生产管理水平具有重要意义。我国从 2016 年开始推行以"风险分级管控和隐患排查治理"为核心的双控体系建设,成为安全管理中的重要措施。风险分级管控包括风险辨识、风险评价、风险管控、风险告知等环节。隐患排查治理管理中包括隐患分析排查、隐患分级管控、建立隐患台账等管控措施。

4.2.4.1　风险辨识

风险分级管控从风险辨识开始,全面识别管辖范围内的风险,并进行分级,制定相应的风险管控措施,进行风险和管控措施告知,动态更新。风险是指危险源失去控制导致事故发生、造成人员伤亡、财产损失和环境破坏的可能。根据风险造成的危害严重程度,一般将风险分为重大风险、较大风险、一般风险和低风险四级,分别用红色、橙色、黄色和蓝色表示。危险源是指可能导致人员伤亡、健康损害、财产损失或环境破坏,在一定触发因素作用下可能转化为事故的根源或状态。危险源包括场所、设施设备、作业活动和环境等类别。危险源一般分为重大危险源和一般危险源。危险源辨识是风险辨识的基础,包括对危险源的识别和评估分级。危险源辨识方法包括直接判定法、安全检查表法、预先危险性分析法、因果分析法等。危险源辨识应包括工程运行受到影响或工程结构受到破坏的可能性、储存物质的危险性、人员在工程管理范围内发生危险的可能性、设备和环境危险性等因素。

4.2.4.2 风险评价

风险评价方法主要有直接评定法、作业条件危险性评价法(LEC)、风险矩阵法等。重大危险源的风险采用直接评定法评定为重大风险,一般危险源结合具体条件进行风险评价。对于作业活动或可能影响人身安全的一般危险源风险评价可以采用作业条件危险性评价法。对于可能影响工程运行或导致工程破坏的一般危险源风险评价可以采用风险矩阵法。

风险矩阵法对风险的评估是根据事故发生的可能性和事故造成危害的严重性进行综合评估。由于这种评估主要由人员主观判断确定,为了使得评估结果更为客观,采用不同层级不同部门管理人员、专用技术人员综合评估的方法。风险值的计算公式为

$$R = L \cdot S \tag{4-1}$$

式中:L 为风险发生的可能性;S 为风险造成危害的严重程度。

L 取值由分管负责人、部门负责人和运行管理人员、运管人员、安全或有关部门人员分别进行评估,然后取每个层级人员平均值,并按照相应权重进行综合确定,见表4-1。

表 4-1 L 值取值标准

发生情况	一般情况下不会发生	极少情况下才发生	某些情况下发生	较多情况下发生	经常会发生
L 值	3	6	18	36	60

$$L = 0.3L_1 + 0.5L_2 + 0.2L_3 \tag{4-2}$$

式中:L_1、L_2、L_3 分别为按分管负责人、部门负责人和其他管理人员层级确定的风险发生可能性平均值。

S 值根据分析对象的具体情况进行分级确定,常见的取值标准见表4-2。

表 4-2 S 值取值标准

严重程度	极轻微	轻微	中等	重大	灾难性的
S 值	3	7	15	40	100

按照风险矩阵法确定完风险值后,对风险进行分级评估,标准参见表4-3。

表 4-3　R 值取值标准

R 值	风险程度	风险等级	表示颜色
[0,70]	轻度危险	低风险	蓝色
(70,160]	中度危险	一般风险	黄色
(160,320]	高度危险	较大风险	橙色
(320,6 000]	极其危险	重大风险	红色

作业条件危险性评价法根据作业环境中危险发生的可能性、人员暴露于危险环境的频率和危害严重程度进行综合评价。作业条件危险性评价法危险值的计算为

$$D = L \cdot E \cdot C \tag{4-3}$$

式中:D 为危险值大小;L 为危险发生的可能性大小;E 为人员暴露于危险环境的频率;C 为危害严重程度。

L、E、C 取值参考标准见表 4-4~表 4-6。作业危险性评价法危险等级划分标准见表 4-7。

表 4-4　L 值取值标准

事故发生的可能性	L 值
极不可能	0.2
很不可能	0.5
可能性小	1
可能,但不经常	3
相当可能	6
完全可以预料	10

表 4-5　E 值取值标准

事故发生的可能性	E 值
非常罕见暴露	0.5
每年几次暴露	1
每月 1 次暴露	2
每周 1 次,或偶然暴露	3
每天工作时间内暴露	6
连续暴露	10

表 4-6 C 值取值标准

危险严重程度因素	C 值
引人瞩目,不利于基本的安全卫生要求	1
无人员死亡、致残或重伤,财产损失很小	3
造成 3 人以下死亡,或 10 人以下重伤, 或 1 000 万元以下直接经济损失	7
造成 3~9 人死亡,或 10~49 人重伤, 或 1 000 万元以上 5 000 万元以下直接经济损失	15
造成 10~29 人死亡,或 50~99 人重伤, 或 5 000 万元以上 1 亿元以下直接经济损失	40
造成 30 人以上(含)死亡,或 100 人以上重伤, 或 1 亿元以上直接经济损失	100

表 4-7 作业危险性评价法危险等级划分标准

D 值	危险程度	风险等级
[0,70]	稍有危险,需要注意	低风险
(70,160]	一般危险,需要改进	一般风险
(160,320]	高度危险,需立即整改	较大风险
(320,6 000]	极其危险,不能继续作业	重大风险

风险辨识的成果是形成风险评价清单,清单中至少应包括风险所在场所、风险描述、风险可能导致的后果、风险评价过程、风险等级、控制措施。

4.2.4.3 风险管控

风险管控措施包括管理措施、技术措施和个人防护。制定管控措施时按照消除、替代、降低优先顺序进行考虑。首选消除措施,如停止使用危害性物质,或以无害物质替代。如果无法消除风险,则改用替代措施,改用危害性较低的物质。如果无法找到替代措施,则选择降低风险危害措施,改变工艺减轻危害性,限制危害。

4.2.4.4 风险告知

明确了风险及其危害后,应通过编制风险告知牌,在工作场所张贴,进行场所风险和重要危险提示,同时告知相应的防控措施。

4.3　技术管理

技术管理是配电系统运行管理的重要支撑。技术管理包括建立完善设备系统技术档案、开展设备技术监督和技术分析。配套的技术管理制度包括设备运行管理标准、检修工作标准、缺陷管理、异动管理等。技术监督是从专业的角度开展的设备技术管理。电气系统设备技术监督包括绝缘技术监督、继电保护和自动装置技术监督、电测仪表技术监督。

4.3.1　技术管理制度

完善的设备技术档案是进行设备系统运行管理的基础。设备技术档案包括设备系统基本参数、图纸、设计文件、使用说明文件、维护检修记录、异常故障记录。按照设备系统建立完善设备技术档案是技术管理的基础工作。定期进行设备技术档案更新整理是长期基础性重要工作。建立统一的、合理的技术档案格式是按部门科室管理的基本要求。设备技术档案的电子化、网络化是进行高效管理的有效手段。技术档案更新和共享是实现设备管理的基本要求。

按照设备编制的运行管理和检修管理工作标准是指导设备系统运行和检修工作的技术规范。运行管理工作标准(运行规程)对设备运行过程中的相关要求、操作和故障处理做出了规定,是从事运行工作和检修工作的技术人员开展工作应遵循的准则。检修工作标准对设备检修周期、检修项目、检修工艺要求做出了规定,是指导设备检修工作的技术文件。设备运行检修技术标准是根据国家行业技术管理标准结合设备实际制定的用于指导现场实际工作的企业技术标准。

缺陷管理是基于设备管理的安全技术管理内容。缺陷管理的主要内容包括缺陷的排查、缺陷的消除和缺陷台账管理。运行中的设备随着时间的增长性能会逐渐降低,这是设备寿命变化周期的一般规律。电气设备系统运行中会逐渐出现一些缺陷,包括不影响设备系统功能发挥的元件部件故障、导致设备性能降低的元器件故障和导致设备功能失效的严重故障。通过巡视检查和定期的专业检查,可以发现设备系统明显的和隐性的缺陷。发现缺陷后进行分级评估,及时采取维修更换等措施消除设备缺陷,提升设备系统健康水平。缺陷台账管理可以实现按照设备对缺陷的归集分类分析,便于及时掌握缺陷分布情况。缺陷管理在生产管理系统中通过相应的缺陷发现登记、分配、处理,实现缺陷的闭环管理。通过定期的设备缺陷统计分析,可以针对性地开展设备维护检修工作,增强设备运行安全。

设备异动管理是针对设备系统运行过程中的局部改动,以提升设备系统运行安全经济性。设备异动管理实行分级审批。从设备专责根据现场情况提出设备异动方案开始,逐级经过科室技术负责人、部门负责人和生产技术部门审批后,现场实施,实施完成后再在生产管理系统中反馈,完成设备异动的闭环管理。设备异动完成后应及时更新设备技术档案,保证技术档案记录、图纸和技术文件与现场的一致性。

设备定值管理指对设施设备运行过程中需要设定的位置、报警、保护等装置定值进行整定、核对、变更和执行过程的管理。设备定值是设备正常安全运行的保证,一般通过严格的测试、调试、整定计算确定,不得轻易改动。如果定值需要调整,应进行重新计算、校核和审批,然后履行相关手续,并更新定值表。

设施设备评级管理是定期对设施设备状况进行评价的技术管理制度。设施设备评级管理一般每年进行一次,按照设施设备分级标准对设施设备进行等级划分。设施设备评级一般分为三类:一类设备处于完好状态,二类设备有缺陷但不影响运行,三类设备指有严重缺陷需要尽快进行维修和处理的设施设备。设施设备评级完后要进行分析,针对二、三类设备制定相应的管控措施,提升设备状态等级。

4.3.2 技术监督制度

开展技术监督工作需要建立相应的技术监督管理标准来规范指导,并有相应的技术标准支撑。技术监督管理标准对开展技术监督的原则、方法,相关部门职责、工作内容和标准等事项做出规定。技术标准用于支持技术监督工作内容,主要包括相应设备的专业试验项目、试验周期、试验方法和判断标准。

技术监督工作需要坚持"安全第一、预防为主"的工作方针,严格执行相关规程、规定和反事故技术措施,根据试验、检修和运行要求及时发现和消除设备缺陷,提升设备系统运行可靠性。技术监督工作应涵盖从设备设计、选型、订货、监造到施工、验收、运行、检修和报废的全过程监督。技术监督管理应加强设备技术资料管理、专业人员培训和新技术推广应用。技术监督应建立相应的技术监督网络,明确职责分工,实行行政管理和专业管理相结合的管理模式,确保技术监督工作的有效开展。技术监督工作包括制订工作计划、开展技术监督检查、进行技术监督总结、召开技术监督会议通报技术监督情况等。

4.3.2.1 绝缘技术监督

绝缘技术监督是对电气设备绝缘定期进行测试并进行统计分析的专业技术管理,包括电气设备绝缘、过电压、防污闪、接地系统和试验仪器校验检定。绝缘技术监督通过对电气设备绝缘测试数值的分析统计,实现对电气设备绝缘水平的总体分析和把握,统计分析项目包括预试率(试验设备与应试验设备数量比例)、消缺率(电气设备绝缘缺陷发现数量与消除数量比例)和事故率(发生绝缘事故设备数量与监督设备数量的比例)。应加强绝缘技术监督的电气设备包括:超过预试周期长期备用的设备;处于明显渗漏、滴水、环境污秽或潮湿等异常工作条件下的设备;运行中发现绝缘缺陷的设备;经受了过负荷、过温、过电压、出口短路电流冲击等异常运行条件的设备;长期停运受潮的设备。对于绝缘老化和频繁发生绝缘故障的电气设备,应缩短试验周期,并有计划地进行绝缘老化鉴定和更换。对于不符合预防性试验标准,经批准降低试验标准投入运行的电气设备,应采取防止事故发生和扩大的相应措施,准备备品备件,安排停电检查或更换处理。

开展绝缘技术监督工作需要收集相关设备技术资料,包括有关规程、规章制度、设备出厂和交接试验报告、被监督设备技术台账、设备试验报告、设备缺陷处理明细、历年绝缘事故分析报告和绝缘损坏记录、历年预防性试验计划和年度工作总结、电气设备一次接线图、接地网络图、防雷保护图和污区分布图、仪器仪表测试设备技术档案和定期校验记录等。开展绝缘技术监督工作还需要收集配备相应的电气设备技术标准和规程资料。绝缘技术监督工作常用的表格包括绝缘技术监督统计表、设备绝缘缺陷(事故)统计表、绝缘技术监督工作指标统计表等,参考格式如表 4-8~表 4-10 所示。

表 4-8　绝缘技术监督统计表

制表日期：　　年　　月　　日

填报单位：	编号：
本月主要工作：	
设备系统重要缺陷或异常：	
下月主要工作：	
监督专工：	时间：
分管总工：	电话：

表 4-9　设备绝缘缺陷(事故)统计表

制表日期：　　年　　月　　日

单位名称		站名		设备名称	
运行编号		电压等级/kV		出厂日期	
设备编号		缺陷或事故		投运日期	
制造厂家		发现日期		消除日期	
铁芯部分缺陷(事故)情况					
线圈部分缺陷(事故)情况					
引线部分缺陷(事故)情况					
重要附件(套管、分接开关)缺陷(事故)情况					
电气(油气)试验异常情况(试验时间及试验条件)					
其他绝缘缺陷(事故)情况					
缺陷(事故)消除情况					
防范措施					

表 4-10　绝缘技术监督工作指标统计表

单位：　　　　　　　　　　　　　　　　　　　　　制表日期：　　年　月　日

设备名称	电压等级	额定容量	总件数	预防性试验率			消缺率			事故率	
				年度计划应试件数	已试验件数	完成率/%	设备缺陷件数	设备消缺件数	消缺率/%	设备事故次数	事故率/%

填表：　　　　　　审核：　　　　　　　　批准：

电气设备绝缘技术监督项目包括设备绝缘电阻测试、直流交流耐压试验、直流电阻测试、介质损耗测试等项目，电气设备绝缘技术监督项目根据设备确定。配电系统绝缘技术监督主要设备包括高压开关设备、变压器和电力电缆。高压开关设备绝缘技术监督项目包括绝缘电阻、交流耐压试验和直流电阻测试。绝缘电阻测试包括相对地绝缘、相间绝缘和二次回路绝缘测试。交流耐压试验用于判断真空断路器真空度是否符合要求，在真空断路器分闸状态下进行 1 min 耐压测试。直流电阻测试用于测试导电回路接触是否良好，以便及时处理接触不良问题，从而避免运行过程中发热。变压器绝缘技术监督项目包括铁芯和绕组的绝缘，绕组直流电阻测试和介质损耗测试。大容量变压器绝缘测试可以采用吸收比和极化指数。绕组直流电阻测试用于判断绕组是否出现异常情况，可以判断绕组匝间绝缘情况。变压器介质损耗可以更灵敏地发现设备绝缘局部缺陷。高压电力电缆绝缘技术监督项目包括绝缘测试和直流耐压试验。电力电缆绝缘测试项目包括相对地绝缘测试及相间绝缘测试。直流耐压试验通过测量泄漏电流的变化更灵敏地发现电力电缆的绝缘缺陷。

4.3.2.2　继电保护技术监督

继电保护技术监督是通过对继电保护设计、施工、运行阶段及继电保护装置质量的跟踪分析，实现对继电保护技术及运行情况总体把握的技术管理。在设计施工阶段，要按照服从电力系统运行需要的原则，按照反事故技术措施要求进行继电保护装置选型和方案配置，同时应加强对设备安装调试的验收，确保其符合有关技术规程、规范要求，保证施工质量。设备投运后，应移交资料、备品备件和专用仪器。运行阶段的继电保护技术监督应包括继电保护装置连接的电流电压回路、直流回路、保护通道及屏间连接电缆，定期对运行中继电保护装置质量问题进行分析，必要时与制造单位一起进行检测。运行中应关注继电保护装置异常、故障、事故等重大事件。

继电保护技术监督应建立健全相应的管理标准和技术标准，并配备相应的标准和规程资料。管理标准规定继电保护技术监督工作内容、方法、程序及相关人员职责。应加强继电保护定值管理，严格执行继电保护整定方案、调度运行规程和现场运行规程审批。应加强对继电保护装置动作情况和异常故障情况的分析总结，建立完善技术档案，包括图纸、资料、调试及检验报告、运行维护记录、事故动作记录、设备缺陷情况等。技术标准包括继电保护装置运行规程、校验规程等。继电保护技术监督常用统计报表包括继电保护设备缺陷及动作情况统计表、继电保护技术监督月统计表、继电保护和安全自动装置动作记录月统计表等,见表 4-11~表 4-13。

表 4-11　继电保护设备缺陷及动作情况统计表

填报时间：　　年　　月　　日

单位名称	
设备名称	
发生时间	
设备异常情况或事故过程	
原因分析	
防范措施	
监督专工	
总工程师	

表 4-12　继电保护技术监督月统计表

单位名称	
本月主要继电保护工作	
继电保护重大缺陷及异常	
保护装置动作情况	
下月主要工作	
监督专工	
总工程师	

表 4-13　继电保护和安全自动装置动作记录月统计表

单位：　　　　统计日期：　　年　　月　　　　　　填报日期：　　年　　月

编号	时间	保护安装地点	电压等级	故障及保护动作情况简述	被保护设备名称	保护型号及生产厂家	装置动作评价			不正确动作责任分析	责任部门	故障录波器	
							正确动作次数	误动次数	拒动次数			录波次数	完好次数

填表：　　　　　　复核：　　　　　　审校：

继电保护技术监督包括对保护装置试验项目、保护装置试验比例和保护动作情况的分析等,用于总体把握继电保护运行可靠水平。继电保护装置试验项目包括保护装置测量通道准确性测试、保护装置单项试验动作情况、保护装置整体动作情况等。继电保护校验试验还应包括相关的电流电压回路相关元件、电源装置等。继电保护校验项目可根据运行情况做适当调整,全部校验周期最长不超过3年。继电保护装置校验根据厂商说明进行,必要时配备专用试验仪器。

4.3.2.3 电测仪表技术监督

电测仪表技术监督内容包括电能计量系统、测量系统、电气仪表、计量标准装置及检测设备、计量检定人员资质。电测仪表技术监督指标包括检验率和调前合格率。检验率是实际检验表计数量与应检验表计数量的比率。调前合格率是试验中调前仪表合格数量与检验表计总数的比率。应检验表计数量是按检验周期规定应检验的仪表数量。

电测仪表技术监督工作需要加强对检测人员资质和计量标准装置和监测设备的管理,这是保证电测仪表正确、准确工作的基础。计量标准装置应经授权机构考核认证合格后方可投入使用。从事仪表校验工作的人员应取得经授权机构颁发的资质证书后方可上岗。按检验周期开展使用电测仪表的校验工作是保证计量准确的关键。

计量标准装置和检测设备应按规定条件存放在标准实验室内,仪表校验工作应在标准实验室内进行。仪表校验工作应遵守定点定期原则,并符合量值溯源体系。仪表检验校验工作应保留原始记录三个周期,记录项目、内容和格式应符合要求。对于误差超出规定的电测仪表应进行调整,调整或维修后还不能满足要求的电测仪表应进行降级或报废处理。现场检验可以根据规定开展部分项目的校验。

电测仪表检定工作应按照国家和行业标准进行,可结合本单位实际制定实施细则。电测仪表检定工作应收集相关法令、条例、规定等相关监督依据,并建立符合本单位实际的技术档案。电测仪表检定工作应按检验周期制订工作计划并按计划进行。监督专责工程师应对电测仪表的使用、保管、搬运等情况进行检查,发现问题进行纠正。电测仪表应设专人保管,定期清洁清点,发现有缺陷时应及时报修。检定合格的仪表应有检定合格标识,必要时加封印,不得擅自拆封、拆修和改变内部接线。长期不用或封存的电测仪表使用时应重新进行检定,检定合格方可投入使用。

电测仪表技术档案应包括计量标准技术档案、电测仪表一次配置图和二次接线图、符合生产实际流程的电测计量网络图、电测仪表和装置设备台账、检定证书和检定记录、现场巡回检查和事故分析记录、重要仪器仪表的原理图/接线图的使用说明、检修质量抽检记录、历年仪表检验率/合格率统计资料、电测计量人员档案、监督工作总结、关口电量计量装置档案及检定记录(3年)和培训记录。

标准计量器具和关口电能计量变送器检定周期为1年,其他电量变送器检定周期为3年,便携式仪表和直流仪表、计量用互感器按各自规定周期检定,控制盘柜和配电盘仪表检定周期各单位自己规定,一般随设备检修进行。

企业应配备的电测仪表计量标准见表4-14。常用的电测仪表技术监督管理统计表见表4-15。

表 4-14　企业应配备的电测仪表计量标准

序号	被检仪器仪表名称	装置精密等级
1	交流电压电流功率表	0.05
2	直流电流电压表	0.05
3	三相功率表	0.5
4	单、三相工频相位表	0.1
5	工频频率表	0.03 Hz
6	万用表	交流挡:0.5
		直流挡:0.2
		电阻挡:0.5
7	绝缘电阻表	0.2
8	接地电阻表	0.2
9	携带式直流单双桥	0.01
10	携带式直流电阻箱	0.02
11	电流电压功率变送器	0.05
12	单、三相电能表	0.1
13	电能表现场校验表	0.05
14	变送器现场校验仪	0.05

表 4-15　电测仪表技术监督管理统计表

单位 仪表类别	总数量/ 只	本季应校 表/只	本季实校 表/只	本季校验 率/%	年 不合格数/个	季度 下季度计划 校验数/个
关口电量表						
关口变送器						
计量标准器						
在线仪表						
便携式仪表						
直流仪器						
交流采样装置						
计量用互感器						
其他						

4.4　设备管理

设备管理是配电系统运行管理的基础。良好的设备选择、安装和定期的维护检修可以保证配电系统设备处于良好的健康状态,从而为配电系统安全、稳定、经济运行奠定良好的基础。运行阶段的配电系统设备管理主要包括设备的定期维护检修和预防性试验。

4.4.1　设备维护检修

设备维护检修管理主要包括设备维护检修周期的确定、维护检修标准的制定及按照标准开展的设备维护检修工作。配电检修主要包括开关柜、变压器和电力电缆的维护检修。

4.4.1.1　开关柜设备维护检修

开关柜设备维护检修包括一次设备维护检修和二次设备维护检修。一次设备主要包括断路器、互感器和避雷器。二次设备主要包括继电保护、自动装置、电测仪表和二次回路。

1. 断路器

断路器设备维护检修包括预防性试验和常规的维护检修。配电系统常见的断路器为真空断路器和 SF_6 断路器,中压配电系统常采用真空断路器。真空断路器预防性试验项目包括绝缘测试和性能测试。绝缘测试包括相对地绝缘及相间绝缘测试。断路器性能测试包括分合闸时间测试、储能时间测试、真空度测试、回路电阻测试。

真空断路器主要部件是真空灭弧室,是断路器分断短路电流的重要部件。真空灭弧室的寿命一般定为 20 年。真空灭弧室内真空度是决定真空断路器绝缘和性能的重要指标,实践中很难准确判断真空度是否符合要求,一般采用工频耐压试验来定性判断真空度合格与否。10 kV 真空断路器一般应采用 38 kV 工频电压进行 1 min 测试,不发生设备跳闸和电流突变为合格。试验中应将电压从零稳定地升至 70% 额定电压稳定 1 min,再用 0.5 min 均匀地升至额定工频耐压电压。工频耐压试验应在断路器分闸状态下进行,又称为断口耐压试验。

真空断路器绝缘试验包括绝缘电阻测试和交流耐压试验。运行中的 10 kV 真空断路器每 1~3 年进行一次绝缘电阻测试,断口绝缘电阻应不低于 300 MΩ,整体绝缘电阻与上次比不应有明显变化。交流耐压试验周期为 1~3 年,包括主回路对地、相间及断口,应在断路器分、合状态下分别进行。辅助回路和控制回路交流耐压试验周期为 1~3 年,试验电压为 2 kV。

真空断路器导电回路电阻测试周期为 1~3 年,标准为不大于出厂值的 1.2 倍。导电回路电阻测试一般采用直流压降法测试,电流不小于 100 A。

真空断路器的分合闸线圈绝缘电阻和直流电阻测试周期为 1~3 年,绝缘电阻不小于 2 MΩ,直流电阻应符合制造厂规定。

真空断路器大修后应增加分合闸时间、分合闸同期性、触头开距、合闸时的弹跳过程测试,以及分合闸线圈最低动作电压测试,必要时进行真空度测量和动触头软连接检查。

断路器的检修包括外观检查、连接部件的检查、机构转动部件清洁润滑等。对于断路器性能的定期检测和在线监测,对比分析其关键参数指标的变化趋势是实现断路器状态监测评估的基础,是指导断路器设备实时状态检修的有效措施。断路器性能监测指标包括分合闸线圈电流变化、行程速度的监测和振动信号的监测、储能电机储能时间等。分合闸线圈电流可以反映断路器机构机械系统变动情况,出现机构卡涩等异常时,分合闸线圈电流波形会有变化。通过监测分合闸线圈电流波形并与正常情况的对比可以发现断路器机构异常。旋转式光栅行程传感器可以实现对断路器操作过程中行程、分合闸同期性、速度的监测。通过振动传感器对断路器操作过程中振动情况的监测可以反映断路器机械状态及其变化。真空断路器灭弧室真空度的在线监测主要是电光变化法,利用光学元件在电场中的光学性能改变原理,实现将真空度对电场的变化转换成光通量的变化,经光纤传送到监测系统中实现监测。

2. 互感器

开关柜内电流互感器和电压互感器是实现电气回路测量和监测的重要设备,中压开关柜内的互感器多为固体互感器。运行过程中振动等原因造成的接线松动是导致电气回路接触不良发热的主要原因,灰尘和绝缘老化是固体互感器运行中遇到的常见问题。通过对一次回路接线及二次回路接线的紧固可以有效预防接线导致的发热问题。接线松动和灰尘脏污是导致电气设备放电的重要因素,对一次设备的定期清洁紧固,对绝缘局部老化破损的修复,是保证电气设备正常运行的必要维护措施。

固体互感器的检查维护主要包括对绝缘外观、铁芯、夹件及接线的检查和清洁,必要时进行补漆。固体绝缘表面应清洁,无灰尘和污垢。瓷件绝缘表面应无放电痕迹及裂纹,铁罩无锈蚀。树脂绝缘表面应无碳化物、无裂纹,绝缘涂层和半导体涂层完好。一次接线端子接触面应无氧化层,紧固件齐全,连接可靠。铁芯应平整,夹件齐全,漆膜完好,无生锈污渍,紧固可靠。

互感器的定期预防性试验主要是进行绝缘电阻测试,必要时进行变比测试、伏安特性测试,以实现对互感器性能的监测、状态评估和故障诊断。

3. 避雷器

开关柜内避雷器是防止外部过电压和内部过电压损坏电气设备的重要设备,避雷器的定期检查维护工作包括清洁、接线紧固和绝缘检查修复。定期的绝缘电阻测试和直流耐压测试是检查避雷器健康状态的必要手段。

避雷器绝缘电阻测试用 1 000~2 500 V 电压等级绝缘电阻测试仪测量,绝缘电阻值与前一次或同型号避雷器的试验值比较,不应有显著变化。

10 kV 配电系统开关柜避雷器主流产品是金属氧化物避雷器,定期试验时应测量直流 1 mA 及 0.75 $U_{1\,mA}$ 下的泄漏电流,测试值不应有明显变化。

4.4.1.2　变压器维护检修

10 kV 系统配电变压器主要是干式变压器。干式变压器的检修包括定期的清扫、连接部件检查紧固、绝缘测试和修复、附件检查测试等。清扫包括对变压器铁芯及绕组部位的清扫,应达到表面无灰尘和杂质,重点是绕组之间及绕组与铁芯之间通道的清扫。连接部件检查包括各部位连接螺栓有无松动、硅钢片和压紧螺栓紧固情况、绕组间的衬垫、绝缘垫块紧固等,发现松动应进行紧固。附件主要包括温度测量装置和冷却风机等。绝缘检查主要是对铁芯绝缘漆、绕组绝缘材料的完好性及老化程度的检查。弹性良好、色泽新鲜均匀的绝缘处于良好状态。绝缘稍硬、用手按无变形、不裂不脱落、色泽稍暗的绝缘处于尚可使用状态。色泽较暗、发脆、手按有轻微裂纹、变形不大的绝缘应酌情更换。绝缘碳化发脆,用手按出现脱落或裂开现象时不能再使用。

变压器绝缘测试包括铁芯和绕组的绝缘测试,测试周期为 1~3 年。铁芯与穿杆螺栓的绝缘电阻应不小于 2 MΩ(用 1 000 V 兆欧表测试)。绕组绝缘电阻测试应采用 2 500 V 或 5 000 V 兆欧表,测量前应充分放电,测量应在常温下进行,测量数值应在同一温度下与前一次数值比无显著变化。绝缘电阻可以通过吸收比和极化指数来衡量,这两个指标不用进行温度换算。绕组定期预防性试验还包括直流电阻测试、介质损耗测试、泄漏电流测试。绕组直流电阻测试值与同部位上一次测试值比变化不应大于 2%,同时要注意各相绕组间的差别不应大于三相平均值的 2%(1.6 MVA 以上容量变压器为 1%)。绕组介质损耗测量值在 20 ℃应不大于 1.5%(35 kV 及以下),电压等级越高要求越小。绕组介质损耗测量值变化与历史数据比不应大于 30%。绕组泄漏电流测试值读取施加直流试验电压 1 min 时的泄漏电流与前一次测试值比不应有明显变化。绕组修复或更换时应进行交流耐压试验,按出厂试验值的 85% 进行。如果怀疑绕组有问题,应进行诊断性试验,包括变比测试、极性测试和损耗测试等。

4.4.1.3　电力电缆维护检修

电力电缆是配电网中输送电力的重要设备,一般寿命较长。当前主要的高压电缆采用交联聚乙烯电缆。电缆在运行过程中应避免过负荷和受潮,以免加速设备老化引起故障。长距离电力电缆除两端有终端接头外还有中间接头,接头制作工艺水平是保证电力电缆运行安全的重要因素。运行中的电缆故障多由过热或受潮进水后加速老化引起。定期的电缆巡视检查维护和预防性试验对于及时发现电力电缆潜在故障具有重要意义。定期的巡视检查可以发现电力电缆绝缘受损或老化情况,及时对其进行修复或更换有利于保证其安全运行。终端接头的检查维护比较容易,对于位于电缆沟或直接埋设的电缆中间接头缺陷依靠预防性试验来发现。

电力电缆的预防性试验包括绝缘测试和直流耐压试验。绝缘测试包括相对地及相间绝缘测试,测试数值与上次数值或同类型电缆测试值比应没有明显变化。直流耐压试验通过对电缆施加直流电压测试 1 mA 泄漏电流对应的电压并测试此电压下的泄漏电流,泄漏电流不应随电压升高而明显增大。

4.4.1.4　保护控制设备

配电系统保护控制设备主要包括保护装置和备自投装置。保护装置和备自投装置检查维护包括装置定期试验、相关回路清扫检查和紧固。保护装置和备自投装置定期试验包括对测量回路精确度的检测、功能动作试验、报警功能测试。

4.4.2　物资管理

物资管理是配电系统运行管理的重要保障措施。配电系统设备运行过程中处理突发性故障或检修过程中发现缺陷故障后处理时,均需要备品备件和检修维护材料。储备一定数量的备品备件和耗材是配电系统设备进行及时性维护维修的基础。物资管理的重点是库存管理。

库存管理是生产物资管理中的重点和难点。充足的库存有利于保证生产的顺利进行,但也会导致占用空间多、资金多,查找和管理成本高等问题。降低库存和零库存成为库存管理的新趋势。库存管理重点在于确定如何订货、订购多少、何时订货。库存信息的掌握是库存管理的基础。库存信息包括入库出库信息、库存位置和数量信息、库存质量信息等。

库存管理信息化是新趋势。借助计算机系统实现库存管理的自动化,通过制定库存备件清单并实现编码,实现库存的可追溯。库存备件备品入库后进行唯一编码,根据此编码确定库存备品备件位置和入库时间、状态信息,并对货架进行编号管理。通过计算机库存管理系统实现库存物资的统计、分析,辅助库存备品备件的查找、数量统计、状态展示和位置管理。定期进行库存盘点,更新库存信息,根据库存信息和采购周期确定采购计划。

库存管理中常用的库存控制方式包括 ABC 分类法和库存订货法。ABC 分类法将库存物资按照占用资金进行分类:将占用资金达到 80% 左右而数量仅占 20% 左右的库存物资定为 A 类物资;将占用资金达到 15% 左右而数量仅占 30% 左右的库存物资定为 B 类物资;将占用资金达到 5% 左右而数量仅占 50% 左右的库存物资定为 C 类物资。A 类物资进行重点管理,采取连续性定期性监测。C 类物资无须精确控制,B 类物资进行灵活综合控制。库存订货法根据库存数量确定订货时间,分为定量控制法和定期控制法。定量控制法在库存降低到一定数量后就启用订货程序。订货数量可以按照采购费用和库存费用最优方式确定,采购费用包括订货次数和订货费用。实际应用中要与供货商确定最低订购数量。定期控制法是按照一定的时间间隔订货,订货的数量和启用订货时的库存数量不固定,根据确定的库存数量目标来确定,即通过订货采购满足库存目标。

库存管理常用的订货模式包括 5 种:定期定量模式、定期不定量模式、定量不定期模式、不定量不定期模式和有限进货率定期定量模式。定期定量模式中订货的数量和时间都固定不变。定期不定量模式中订货时间固定不变,而订货的数量依实际库存量和最高库存量的差别而定。定量不定期模式是当库存量低于订货点时就补充订货,订货量固定不变。不定量不定期模式是订货数量和时间都不固定。有限进货率定期定量模式是在货源有限制时采取陆续进货模式。

配电系统备品备件分为两类:一类是厂商专供产品,一类是通用性产品。对于厂商专供产品,直接向厂商订货是最佳选择,厂商供货可以保证质量和数量,但是厂商对于备品备件的采购数量和付款方式都有特殊要求,有时需要选用中间供货商。通用性产品可以综合考虑,结合采购批次进行公开择优选择。签订框架协议的形式可有效降低库存。框架协议将供货产品的数量、质量和价格确定下来,并确定采购数量和供货方式。

备品备件管理通过建立备品备件清单和库存数量标准进行管理。备品备件清单按照设备划分的独立的易于更换部件建立。库存数量根据设备部件故障率和采购时间合理确定。库存数量应定期更新,尽可能保证库存数量表与实际相符,并确定库存数量预警值,以便及时进行申报采购。配电系统中主要设备常用的备件种类如下:

(1)开关柜备件,主要包括断路器类、机构类、控制设备类和附属设备。断路器类包括分合闸线圈、触头、灭弧室、储能电机、绝缘套筒。机构类包括小车进出机构、连锁机构。控制设备包括保护装置、控制回路空开、熔断器、指示灯、显示仪表和带电显示器。附属设备包括电流互感器、避雷器、接地刀闸。

(2)变压器备件,包括绝缘支柱(垫块)、温控器、冷却风机、电流互感器。

(3)电缆备件,包括终端接头、中间接头、绝缘材料。

第5章　新型配电系统

配电网络是电力系统的终端,承担着将电能分配送达用户的功能。传统配电网络指110 kV 及以下电压等级的配电网,它分布范围广、自动化程度低、网络损耗大、故障率高。随着社会发展和技术进步,配电网智能化成为新趋势。智能配电网作为智能电网的延伸,其全面监测、状态感知、自主决策和自我调节的技术特征正在全面改变着传统配电网。新能源发电、储能、需求侧管理等功能的加入正在促使传统配电网络向新型配电系统转变。

安全、可靠、经济、灵活是满足用户、供电、售电等相关方利益需求的新型配电系统的主要特征,这些特征正伴随着电力电子技术和信息技术的广泛深入应用逐步实现。智能化是新型配电系统的新特征。智能配电系统是需求驱动下先进技术应用的结果,其主要特征表现为更安全、更高效、消纳分布式新能源发电、用户友好。智能配电系统关键技术包括配电系统自动化、高级量测体系、配电设备在线监测、分布式新能源控制、柔性配电设备和故障限流技术。

5.1　新型配电系统特征

与传统配电系统相比,智能配电系统具有信息量大、区域自治、分层分布智能控制、用户互动等特征,其主要技术特征为配电设备智能化、监测控制系统化和运行控制智能化。

5.1.1　配电设备智能化

配电设备智能化是指传统配电设备增加了智能监控单元(Intelligent Electronics Device, IED),实现了配电设备与配电系统高级控制网络的紧密配合。配电设备 IED 在现地完成对配电设备运行及状态信息采集并通过监控网络上送,通过网络接收完成高级控制功能对配电设备的控制和调节。配电设备智能化的另一个特征是基于电力电子技术的新型配电设备,包括软开关、固态断路器、智能变压器、双向逆变器、移相调节器和柔性无功补偿设备。

5.1.1.1　配电设备智能化途径

配电设备智能化的主要特征是配电设备监视控制一体化,通过智能电子设备监控单元与配电设备的融合来实现。智能电子设备监控单元是基于微处理器的小体积设备,取代传统的电流互感器、电压互感器、遥控单元等。其主要特征是能实现配电设备的网络监控功能,实现传统多种设备的功能,支持网络通信新技术,从而简化配电系统运行,提升配电系统运行性能。作为过渡阶段,IED 支持对传统配电设备的监视控制通信功能。智能配电设备将实现运行控制网络化,直接通过通信控制网络参与系统运行控制。在 IED 支持下,通过 DNP3 网络协议,智能配电设备可以直接与配电能量管理系统控制中心通信。

IED 包括非常规互感器(电子、电光互感器)、智能传感器、微机保护、控制器和智能断路器,是实现配电系统监测、保护和控制的基础元件。IED 设备的应用可以完成对配电系统网络结构、一次设备参数、运行状态和环境等数据的全貌采集处理,是实现高级智能化应用的基础。IED 一般由信号变送、数据采集和评估诊断功能模块组成。IED 组件可以实现的功能包括集成测量、控制、检测、计量、保护,常见的配电应用包括测量 IED、智能终端、调压 IED、冷却器 IED、局放检测 IED、色谱 IED、SF_6 监测 IED、合并单元 IED 等。IED 具有测量数字化、控制网络化、状态可视化、功能一体化和信息互动化等技术特征。

　　IED 设计制造需要能应对不同厂商标准和不同通信协议,配电系统智能化网络统一支撑平台的应用要求 IED 能实现统一网络通信。对实时性要求高的继电保护等应用的支持要求 IED 具有高可靠性和安全性,IED 一般设置至少两个处理器。

5.1.1.2　智能配电设备

　　智能配电设备是基于电力电子技术的新型柔性配电设备,主要包括软开关、智能变压器、双向逆变器等设备。

　　智能软开关(Soft Open Point,SOP)是分段和联络断路器的电子化产品,是基于全控型大功率电力电子器件的变流器,可实现配电系统的柔性闭环运行。SOP 可以实现对配电系统网络潮流路径的精细控制,通过分合状态变化改变网络拓扑结构。SOP 的典型结构是背靠背的电压源型换流器(见图 5-1),两侧换流器为对称结构,可以实现有功功率和无功功率的四象限控制,从而实现馈线间的柔性互联。SOP 不仅可以实现正常情况下的灵活功率控制,还支持外部故障情况下的电压支撑等场景应用。

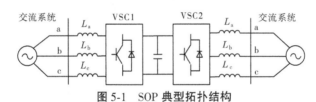

图 5-1　SOP 典型拓扑结构

　　随着配电系统供电方式的多元发展,不同馈线结构、不同电压等级及交直流混合系统中的互联成为新的趋势,满足这些新趋势需求的多端口 SOP(见图 5-2)多场景应用逐渐成为新的趋势。其中,包括支持新能源并网发电与储能装置应用的 SOP(见图 5-3)和实现高低压之间连接的 SOP(见图 5-4),为配电系统的柔性互联和灵活控制提供了技术支撑。连接交直流系统的 SOP 为配电系统更方便地接入交直流负荷提供了方便,同时有利于降低网损和优化电压水平,改善配电系统的运行状态。连接不同电压等级的 SOP 又被称为柔性变电站,增加了电压变换环节,可以实现正常运行时电压变换、功率分配、无功补偿和谐波抑制功能,同时还可以实现故障情况下的故障隔离、限制短路电流和电压支撑功能。

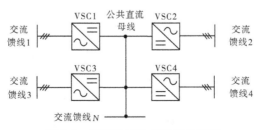

图 5-2　多端口 SOP 典型拓扑结构

图 5-3　支持储能和分布式电源的 SOP

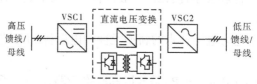

图 5-4　支持多电压等级互联的 SOP

SOP 控制的灵活性和快速性为配电网运行控制优化提供了丰富的空间。选择合适的控制方式和控制策略适应不同的场景应用,成为 SOP 应用推广的关键。SOP 控制方式可以选择集中控制和分布控制,与传统配电设备、分布式发电设备、储能设备、无功控制设备的协同运行控制可以从控制时间上优化配电网运行,共同应对新型配电系统运行中的不确定性问题和复杂目标优化。合理的 SOP 控制策略可以支持配电系统故障隔离及故障恢复。与保护装置的配合可以实现快速故障隔离,同时尽快启动 SOP 的自愈控制支撑能力,根据需要选择合适的端口来为配电系统故障恢复提供灵活快速支持。

智能配电变压器是适应配电网智能化需求的新型配电设备,主要包括电力电子变压器(Power Electronic Transformer/Solid State Transformer,PET)和混合变压器(Hybrid Distribution Transformer,HDT)。PET 和 HDT 的主要区别是前者需要实现交流配电网转换功率的全部变换,后者只需要实现部分功率变换。PET 的多级变流器结构可以通过合理控制实现更为丰富的功能。智能变压器可以实现电压等级变换、电能传输和电气隔离基础上的电能质量治理、线路功率优化和状态监测与控制。

PET 采用电力电子器件组合来实现智能配电变压器的功能。为了适应配电系统高压网络连接的需要,采用多个低压功率模块串联组合形式,常见的组合结构包括级联 H 桥(Cascaded H-bridge)、模块化多电平换流器(Modular Multilevel Converter)、中点钳位(Neutral Point Clamped)。与直接实现 AC/AC 变换的智能变压器拓扑结构比,功率模块组合式级联 H 桥智能变压器易于扩展、控制策略简单、冗余设计方便。为了简化功率模块组合级联 H 桥式智能变压器结构,模块化多电平换流器结构智能变压器拓扑结构被采用,同时实现了对高压直流母线的支持。中点钳位拓扑结构可以进一步简化高压输出端口结构,无须布置多台高频变压器,可以使用多绕组变压器。为了更好地适应配电网交直流混合、分布式电源接入和负荷多样化的特点,实现配电网功率的优化配置,多端口 PET 结构成为新趋势。

HDT 是在传统工频变压器基础上的智能化升级改造,增加了有源滤波、动态电压支撑和潮流优化控制等电能补偿装置。HDT 典型的结构是 AC/DC/AC 组合,包含两个共用一条直流母线的变流器,其控制的关键是对两个变流器的控制。两个变流器一个实现电流源控制,完成对负载电流中谐波、无功功率等有害成分的补偿,使得高压侧电网电流维持在正弦单位功率因数;另一个变流器按电压源控制,抑制电网侧电压波动、畸变分量等有害成分,使得负载电压维持在额定电压附近。HDT 的公共直流母线还可以作为分布式电源和电动汽车等直流设备的接入端口。直流母线电压稳定控制的关键在于对直流母线电容充放电功率的动态平衡控制。

5.1.2　监测控制系统化

监测控制系统化是指对配电系统进行统一的监测和控制,这是实现智能化的基础。建立统一的数据采集处理平台是监测控制系统化的关键。配电感知系统架构技术演变如图 5-5 所示。配电系统数据采集处理平台包括基础传输网络、数据网络平台、时钟同步系统和安全管理系统。

基础传输网络是配电系统监测控制的物理基础设施,具有高可靠性、抗电磁干扰和抗电压闪变等特点,能同时支撑语音、数据和视频在内的多种业务。基础传输网络主干网络应采用技术和性价比好的光纤网络,网络拓扑结构应采用可靠性高且便于扩展的双环网或多环网形式。根据配电系统范围可按照管辖范围进行大区—省级网络—市级—县级—变电站—供电中心分级建设,然后进行各级网络互联。对于终端网络,可以根据实际选用电力载波、微波、卫星通信和无线通信等技术形式进行补充。对于过渡时期的网络建设,应考虑与先前设备终端的兼容性。

基础传输网络架构应着眼于全网全系统运行控制业务需求进行统一部署配置,按照分层分域机制进行规划。一般按照主站层和终端层进行功能划分,主站层主要完成数据统一接入和终端管理,支撑核心公共业务和业务快速灵活构建;终端层经配电馈线延伸至用户内部,完成数据采集处理和传输。分域是根据电网电压等级和业务功能特点将终端层分为线路域、台区域和用户域三个信息域。配电系统感知系统架构从传统模式向新型感知信息系统架构转换,主要体现区域自治、云边协同和差异配置特点,完成网络内本地和远程信息流的数据交换。业务主站云化、区域信息边缘化、量测终端智能化是主要技术特点。

数据网络平台是数据交换共享的基础,为系统运行和优化控制提供支撑。数据网络通过带宽共享提高传输效率;借助业务智能路由增加通道的抗破坏性,从而实现监控手段多样化的智能化管理。数据网络主流技术包括异步传输模式(Asynchronous Transfer Mode,ATM)技术、POS(IP Over SDH)技术、千兆以太网(Gigabit Ethernet,GE)技术、弹性分组环(Resilient Packet Rings,RPR)技术等。ATM 采用信息单元作为传输单元,以虚拟通道连接,通信传输延时低,流量控制机制和服务质量好,适合支撑调度网上的关键业务。实际应用中,ATM 面临着协议复杂、额外开销多、间接 IP 支持传输速率低、价格昂贵、设备性能不高和技术发展停滞等问题。POS 将 IP 封装后借助 SDH 网络进行数据传输,适合远距离传输。在光纤资源不足的情况下,POS 充分利用了原投资资源。POS 利用了 SDH 网的自恢复性和可管理性,可在 50 ms 内切换到备用信道。POS 在数据交换过程中拆分、重装过程复杂,开销较大,对阻塞控制能力较差,基于端到端的服务质量保障差,不利于开展多优先级的并发业务。GE 采用重新定义 MAC 层和引入"载波扩展"接入冲突检测技术,基本弥补了以太网的不足。GE 具有直接、快速和千兆位的优势,技术路线简单,

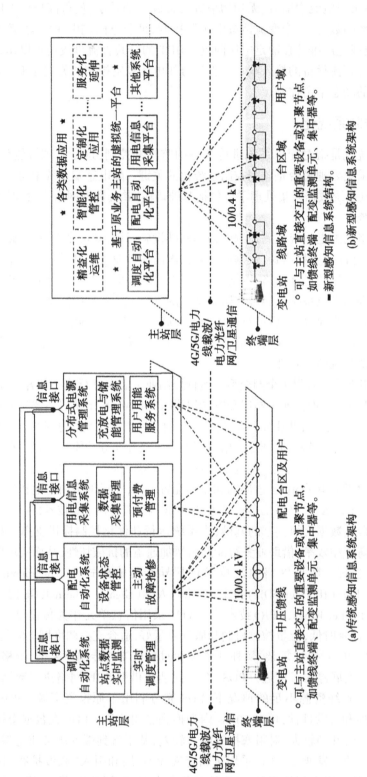

图 5-5　配电感知系统架构技术演变

设备价格低廉。GE 的缺点主要在于没有传输层,难以实现光纤质量性能的监测和保护,且光纤利用率低。RPR 实现了空间复用、环自愈保护、自动拓扑识别、多等级 QoS 服务,具有带宽公平机制、拥塞控制机制,物理层介质独立,但不能实现跨网络环信息传递,无法实现网络环切换。

不同的业务应用通过通用数据访问接口与数据平台通信,借助基础传输网络完成信息的查询、定位和交换。数据网络平台借助公用信息模型通过数据接口实现不同数据业务之间的信息共享和交换。公用信息模型是数据的规范表示方式,常见的数据模型包括与 EMS/DMS 应用相关的 IEC61970/61968、面向过程控制的 IEC61850 等。数据共享和交换需要数据同步,同步的方式包括变化同步和定时同步。数据同步的基础包括数据目录同步、数据交换表同步、数据封装和数据访问权限管理等。数据共享目录提供系统内所有可共享的数据及其授权访问方式信息。数据交换表用于维护与数据同步相关的本地信息,包括本地需要的外部数据描述和外部系统对本地的数据需求。数据封装是根据通信需要对数据按照公用信息模型的封装和相应的通信规约的封装。数据访问权限管理包括数据访问权限的更新和授权的验证。通用数据访问接口提供一种通用的数据访问机制,这种机制独立于具体的应用、数据的形式和内容,支持常用的访问模式。IEC 相关标准保证了访问机制的通用性。常用的数据访问接口类型包括通用数据访问、通用事件和订阅、港交所数据访问、时间序列数据访问。

时钟同步系统保证系统内数据同步传输,包括频率同步和时间同步。频率同步主要包括主从同步、准同步、互同步和混合同步四种方式。主从同步方式采用系统中设定一个主基准时钟,其他从钟跟随主时钟频率,包括主从同步和等级同步方式。等级同步采用定时信号从基准时钟向下级网络从钟逐级传递方式。主从同步正常情况下无周期性滑动问题,从钟性能要求低,投资费用低廉,但受传输链路可靠性影响,存在产生定时环路可能。准同步采用统一配置标称频率和频率容差高精度独立时钟方式,这种方式简单灵活,但对时钟要求较高,成本高,存在周期性滑动。互同步采用节点时钟接受其他节点时钟定时信号方式,选择所接收定时信号频率加权平均值作为设定频率。互同步方式可靠性高,对时钟性能要求低,但稳态频率受网络参数变化影响,性能不稳定。混合同步将全网分区,每个区内采用主从同步方式,不同区间采用准同步方式。混合同步方式通过减少时钟级数和缩短定时信号传送距离方式提高了可靠性,成为目前大型网络主要同步方式。时间同步技术包括 GPS、互联网时间同步、电话拨号时间同步(ACTS)、短波授时、长波授时和 SDH 网络时间同步。GPS 时间同步技术的技术成熟,被广泛应用,但其精度和安全性无法保障,易受外界干扰,需要配备专用接受接口。互联网时间同步通过网络时间协议(Network Time Protocol, NTP)和精密时间协议(Precision Time Protocol, PTP)实现。NTP 时间分辨率可以达到 200 ps,可以校准的时间精度为 1~50 ms。PTP 改进了 NTP 同步精度和收敛速度,可以实现亚微秒级时间同步,用于对基于以太网的高精度时间同步。ACTS 基于电话线、模拟调制解调器、普通个人计算机和简单的用户客户端软件即可实现,但用于其他设备授时还需要开发相应的软件和硬件接口,不具备实时性。长短波无线电授时覆盖范围广、接受发送设备简单、成本低,且可用于实时校准本地设备。SDH 借助网络通信报文中的可用空闲字节实现时间同步,包括单向法、双向法和共视法。

实现时间和频率同步的统一是时钟同步系统的发展趋势。为了实现全系统时钟可靠统一,需要建立独立的时钟同步系统。采用无线同步网络、地面同步网络和本地时钟源三套时间同步系统,互相校对,可以提高时钟同步系统的可靠性。无线同步网络采用卫星同步技术,可以采用 GPS 或"北斗"卫星同步系统。地面同步网络基于铯钟源和高等级时间服务器通过同步传输网络或异步数据网络实现全网频率和时间同步。采用三套时间同步系统中两个进行比较校准时钟信号,实现全网可靠精准对时。

安全管理系统对数据通信网络平台安全进行系统管理,从设备和网络安全角度进行统一管理,保证通信网络平台运行的可靠性和安全性,同时完成对外网攻击及任务破坏网络的防范和应急处理。

5.1.3 运行控制智能化

智能化是自动化的高级阶段,是对人类智能的模拟,主要特征为自主感知、自主判断、自主决策和自主调控。配电系统智能化是对系统功能的综合优化,实现更安全、更高效和更灵活的目标。配电系统功能综合优化的基础是对系统状态的实时感知,关键是对系统状态的动态控制调节。智能化是指配电系统自动实现多目标趋优运行的能力,指从测量、判断到调控完全实现闭环控制。智能化包括对系统的状态感知、状态理解、状态预测和状态利导四个关键模块。系统状态感知的主要支撑技术是先进的状态估计技术,其实现基础是先进测量设备及其合理优化布置、测量设备网络集成等。在系统状态感知的基础上的状态理解分析是对状态进行控制调节的重要支持。系统状态的展示、预测和利导是系统智能化的高级功能。

与传统的数据采集控制系统不同,智能配电系统的状态监测系统监测内容更为广泛。除传统的配电用电数据信息外,智能配电系统还要监测包括负荷变化、分布式发电、系统状态变化、环境因素等新的信息,用于实现对配电系统正常运行状态、临界状态和故障状态的识别。借助相量测量和智能仪表等高级测量技术,可以实现对配电系统运行信息、负荷信息及其他影响配电系统运行的因素的有效采集,为配电系统状态分析理解、展示和预测及利导奠定基础。配电系统状态监测技术的另一方面指对测量装置合理布置规划的技术。合理布置测量设备及其网络可以实现在节约投资的情况下对监测对象的有效监测,主要考虑因素包括客观性、可靠性、状态估计精度、信息安全、$N-1$ 元件失效鲁棒性、网络重构鲁棒性等。

配电系统状态理解分析是对其稳定运行、经济性、灵活性、生存能力、供电能力、负荷接入能力、分布式电源接入能力等的综合评估,是对状态感知信息的综合提炼。配电系统潮流计算和状态估计是关键基础技术,是配电系统安全评估、网络重构、故障处理和无功优化的支撑技术。生存能力是指电系统在自然灾害中采取主动措施对关键负荷的供电和恢复供电的能力。灵活性是指在满足经济和运行约束条件下配电系统在一定时间内快速有效地调配资源响应功率变化和运行参数控制的能力。其中,对现代配电系统结构变化及其大量监测数据信息的有效处理技术是重要的系统状态理解分析支持技术。

配电系统状态预测包括对系统中的变化因素的变化趋势进行分析判断,以及对系统安全风险的评估和预警等。配电系统状态预测包括负荷的分级预测、分布式电源出力的预测、电动汽车等储能设备接入的预测和安全分析预测等。状态预测需要考虑配电系统运行控制特性,结合时空特性的要素建模和参数辨识,以及不确定性的影响。配电系统安全分析评估及预测包括对分布式电源接入的在线风险评估、自然灾害影响风险评估、安全评估指标体系和预警体系确立。其中基于安全域的安全评估方法可以同时确定运行点的安全性及其与安全边界值的容量,与传统的 $N-1$ 安全校验比可以大大减少计算量。

配电系统状态利导技术是在状态感知基础上引导配电系统向有利方向的动态灵活调节和控制。配电系统状态利导技术的关键是实现调度人员、调度系统与智能设备和用户之间的协同互动,明确各自在状态利导过程中的职责分工、相互协调和支撑。配电系统状态利导技术包括优化调度技术、用户互动技术和自愈技术等。优化调度技术主要强调对包含分布式电源、储能技术等在内的多种要素的综合优化,通过对运行信息的全景化、系统评估的定量化、调度决策的精细化和运行控制的自动化,实现网络、电源和负荷的协调运行。用户互动技术主要指通过对配电系统中分布式电源、储能设备和微网等柔性可控资源与用户负荷的柔性需求变化的协调控制,实现配电系统向可预测可控方向转变。自愈技术指配电系统通过自我感知、自我诊断、自我决策和自我恢复,实现正常状态下的优化和预警,故障状态下的故障诊断、网络重构和供电恢复,极端情况下与主网解列依靠分布式电源和储能单元实现自我独立运行。

配电系统智能化的工程实现是智能能量管理系统(SEMS)。智能能量管理系统是传统能量管理系统(电网调度自动化系统)的升级,基于电力混成控制理论,对系统内可控资源进行统一自动协调科学地调控,实现系统的多目标自趋优运行。SEMS 由事件分析模块、事件处理模块和调度员决策模块组成。事件分析模块完成对系统有无事件发生的监测,即监测有无偏离目标控制范围的事件发生。事件处理模块根据发生事件产生相应的控制命令,下达给相应的调控单元。调度员决策模块将系统运行状态以可视化的形式展示给调度员,供调度员进行必要的调度和配置。

配电系统智能能量管理有其特殊性,包括对用户进行管理的用户智能能量管理系统和配电网智能能量管理系统。用户智能能量管理系统完成对用户用电的智能化调度管理,主要是借助分时电价机制引导用户参与电力系统"调峰",转移用电时间段至非高峰时间段。用户智能能量管理系统通过对用户用电情况的监测分析,结合电网运行信息、实时电价信息,根据用户设定策略实现对用户电器的自动调控,对用户储能装置和分布发电设备调控。用户智能能量管理系统提供用户用电和能耗分析报告,提供优化改进策略。用户智能能量管理系统与配电调度中心共享用户用电数据,用于区域用户用电情况、特性和模态的分析,从而为供电公司制订配电网络检修计划、配电网络规划和制定电价策略提供支撑。配电网络智能能量管理系统目标和功能与电网智能能量管理系统类似,是后者的重要组成部分,主要完成对系统运行安全性、电能品质和经济性等指标的自趋优化运行调控。支撑这一目标实现的关键技术包括分布式发电技术、储能技术、经济互动用电技术和配电网运行控制技术。

5.2 新型配电系统关键技术

新型配电系统是社会发展和技术发展驱动下对传统配电系统的升级优化,借助网络通信技术可以实现对配电系统的全面感知、分析及控制调节优化,同时通过引入分布式电源、储能单元、可控负荷等新可控资源,增强其抗击外部冲击恢复自身的能力。市场机制的引入促使需求侧响应成为重要的配电系统运行控制手段。

5.2.1 信息网络技术

信息网络技术是支持配电系统综合优化的基础技术,物理网络的设计及其技术架构是首先要考虑的因素。网络的性能、安全性和可靠性是设计应重点关注的内容。通信网络设计从估算网络中应用的数据流量开始,这决定了网络主要设备的选择基础。在此基础上,根据网络技术和网络产品技术,结合网络应用的性能要求,考虑可靠性和安全性对网络结构进行勾画。在完成了物理设计的基础上进行逻辑设计,并根据各种限制因素进行必要的调整。最后对网络满足应用性能和限制因素情况进行整体验证。通信网络设计的成果包括路由器位置的选择、布设,路由器容量的确定,网络连接设备的选择、布设,网络冗余设计,网络安全设备的选择和布设等。

5.2.1.1 网络流量估算

网络流量估算从网络矩阵计算开始。网络矩阵是对网络相邻节点之间网络通信数据流量的计算表。网络节点之间的数据流量与两个节点之间的网络应用相关,且具有不对称性。需要注意的是,网络的终端节点之间不一定有数据流量。

网络数据速率取决于网络矩阵、网络路由和服务质量要求。网络数据速率是动态变化的,主要取决于当时的网络需求和路由的选择。网络数据速率还需要考虑网络故障情况,当网络局部故障时,其余部分需要能承担故障部分的数据流量。同时,网络中的软件下载、网络组织变化和网络管理行为对网络数据速率也会有影响,这都是网络速率计算中需要考虑的因素。网络服务质量的选择可以在一定程度上降低网络连接容量要求。网络连接容量在大多数情况下要比网络连接承载的各种应用需求的数据速率还小。这是因为网络数据速率最大值是所有网络应用同时发生时的数据流量和,而实际应用中,网络节点可以将低优先级的应用数据暂时存储,优先处理级别高的数据。

应用于配电系统的通信网络还具有如下特点:①智能配电系统网络应用产生的数据流量小。与视频系统比,服务于智能配电系统的网络通信流量并不大,对网络传输数据的速率要求也不高。②控制中心发送的数据量要比各终端传送给控制中心的数据量小。③极端情况下的数据流量会有特殊要求,如 IED 设备上送测量数据时数据流量会突然增大,IED 等终端设备的软件升级数据则可以推迟到网络恢复正常情况时再进行等。网络通信流量设计需要对正常情况和极端情况同时进行估计。

配电系统通信网络中的数据主要是各智能终端与控制系统主机之间的通信。通信数据中包括用于设备状态采集的数据、事件报告的数据和网络运行操作管理的数据。其中,设备状态采集的数据具有周期性且数据量大,事件报告的数据流量和网络运行操作管理的数据流量具有不同步性,数据流量并不大。需要注意的是,特殊情况下事件报告的数据流量可能产生数据风暴,如不停地报告某一事件。数据流量估算时还要加上必要的通信开销,并为网络未来变化留有一定余量。

适当的通信网络集成可以节约成本。通信网络中的集成网络路由器可以集成本区域的网络应用数据流量,还包括集成附近区域的数据集成流量。通信网络数据流量集成的支持技术包括相应的路由协议和多标签切换选择网络路径。路由协议可以实现动态地将输入信息以最优路径传送到目的节点。IP 网络的主要特征之一就是通过路由协议保持网络当前的连接状态。网络节点或连接的失效将导致网络结构的变化,这些信息与连接容量、延时信息构成每个路由器计算和选择最短路径的基础。路由协议对数据传送路径的选择是通信网络数据集成的基础支持技术。多标签切换路径选择是通信网络中数据流量流通的另一支持技术。通信网络数据传输的路由选择支撑着网络数据流量集成。

5.2.1.2　网络性能

网络性能的重要指标是网络延时和优先级。配电系统智能化高级应用中不同业务对网络通信数据处理的延时和优先级要求也不同。控制信号的优先级和对延时的要求要比状态测量信号高。高速保护和监控低频减载信号的要求延时要小于 10 ms,断路器重合、变压器保护和用于保护的相量测量信号延时在 10 ~ 20 ms,监控周期测量信号、配电自动化信息传送的延时约 100 ms,实时影像传送的信号延时约 200 ms,重要配电系统操作信号延时约 250 ms。优先级的数字化表示并没有更多的量化指标,一般是短延时信号的处理优先级要高于长延时的处理,但也有例外,如长延时配电系统操作信号的处理优先级要高于短延时的处理。网络信号延时和优先级的设计处理原则根据网络应用的重要程度确定。

网络数据传输延时与网络信息包的大小相关,一般信息包容量小则传输延时短,同时对数据传输速率要求较高。因此,需要在数据传输延时和信息包的大小之间进行平衡。网络数据传输延时,还与网络安全要求相关,包括防火墙的信息处理时间、入侵检测和防御系统处理时间等。

网络连接传输容量与网络服务质量指标有关。网络延时和优先级的处理可以在一定程度上降低对网络传输容量的要求,不考虑这些措施将大幅度提高对网络传输容量的要求。当网络传输容量不足以支撑网络数据流量要求时,可以通过在路由器中暂时储存信息来解决。由于路由器的储存容量是有限的,当网络传输数据量超出网络传输能力时,则会造成网络传输信息的丢失。网络服务质量设计就是选择网络延时和优先级处理策略及程序来实现充分利用网络资源达到网络延时和优先级处理要求。

实际应用中,将配电系统智能化应用功能进行服务质量等级分类,按照延时和优先级处理要求分为四类,其中通信网络控制指令是高于这四类的最高要求的服务质量等级。保护动作信息、A 级的相量测量信息、计算机监控测量和状态信息、重要的操作信息处理归为按照语音网络处理服务质量等级 1。实时音频图形处理信息、重要的高级测量信息、对话信息和重要商务信息处理归为服务质量等级 2。其他类别的相量测量信息、不重要的操作和商务数据信息、周期性的高级测量信息归为服务质量等级 3。最大努力处理的信息归为服务质量等级 4。在对网络服务质量设计定义中,网络控制信息服务都是最高级别的。在将配电系统智能化应用功能归结为这四类网络服务质量时,按照重要性连续递减的规则进行了处理。

5.2.1.3　可靠性

配电系统通信网络可靠性是配电系统可靠性的重要组成部分,其可靠性要求随着配电系统可靠性的发展而变化。通信网络可靠性指标一般用两个网络连接点之间的可用性来衡量,常用概率百分数来表示。网络可靠性取决于网络元件和连接的可靠性。网络元件包括路由器、交换机、无线基站等设备,还包括冗余的处理器、电源、可靠的软件及对极端环境的耐受力等。网络连接的可靠性包括通信介质、环境(地下或地上)、天气、机械连接情况等。无线网络采用授权的频率要更可靠。通信光缆采用地下敷设要比地面敷设可靠。

通信网络的可靠性取决于网络组成部件的可用率,一般用元件平均故障时间、元件故障率来表示。此外,网络可靠性还与故障维修时间有关,常用平均故障修复时间来表示。在有备件的情况下,更换故障元件要比修复元件快得多。通信网络可靠性提升的重要途径是采用冗余路径连接,可以是并行的或独立的网络之间的连接路径,或者是网络终端节点之间的网络连接。这些冗余的物理连接需要借助网络冗余工具进行良好的管理。这种网络冗余连接包括环形网络连接结构、以太网集成、以太网树跨结构、路由协议、MPLS 快速重新路由组合等。环形网络连接结构可以在网络节点故障断开后 50 ms 内重新组建网络连接。以太网集成是通过两个及以上连接将网络交换机连接起来,从而在一个连接断开时可以通过其他连接通信。以太网树跨结构是激活网络中可用连接保持网络通信的最小结构,不断重新组合树跨结构是网络提升可靠性的管理措施。路由协议的重要功能就是在网络节点或连接故障时重新通过网络其他部分完成网络通信。MPLS 快速重新路由组合是基于 MPLS 的网络故障重新组合网络通信路径的技术。

在更大范围的网络连接中,不同路由器之间的冗余连接技术也经常采用。如配电系统中与控制中心等关键设施设备的连接普遍采用双独立连接网络连接。对于可靠性要求较高的保护等配电系统应用,在变电站之间经常采用专用的网络连接,在保证网络性能、可靠性和安全性的情况下,这些专用连接也可以为网络提供其他服务。网络冗余连接根据网络可靠性要求和成本设计综合考虑。

5.2.1.4　网络安全

网络安全是通信网络系统建设需要重点关注的内容。网络安全可以通过路由器的接入控制策略来完成,但对于复杂的重要应用的网络安全,还需要借助防火墙和入侵检测预防系统。网络安全实现往往是多个系统的组合应用,可以称为统一威胁管理系统。统一威胁管理系统主要通过基于应用签证、异常状态和行为检测的监测算法及深入的通信包数据检测实现。为了保证网络安全,进出路由器的数据均需要经过防火墙和统一威胁管理系统检测。网络安全检测系统将采取合适的措施包括启用网络安全策略来应对发现的网络安全情况。网络安全检测甚至包括对 IP 地址、通信开销等信息的合乎应用签证的检查,必要时采取丢掉通信信息和关闭通信对话等措施。网络安全中的技术措施还包括数据加密技术。IP 安全策略和标准是针对网络数据隐私安全的重要措施。网络安全建设中合理配置和布设网络安全设备是网络设计的主要任务之一。网络安全设备一般布置在网络与外部连接的主要路由器节点上。

　　支持智能配电系统的信息网络关键技术除上述网络性能安全技术外,还包括提供强大计算能力的集群计算机、网格计算技术,提供数据传输服务的数据总线、消息总线和服务总线技术,通信接入技术和数据模型技术。

5.2.2　主动调控技术

　　电源、储能和柔性负荷是新型配电系统引入的重要元素,这使得配电系统面临着潮流的双向变化和不确定性变化,应对这种变化是新型配电系统运行管理面临的重要挑战。新型配电系统的变化是时代发展需求和新技术发展结合的结果。充分利用环保能源的时代要求,使配电系统新能源按最大功率输出成为最优选择。实现电源输出功率和负荷功率的匹配是电力系统调控的主要目标,对传统电源输出功率的精准控制是电力系统运行调控的主要手段。新型配电系统中的电源输出功率不稳定且具有间歇性,变化具有随机性,这为配电系统安全稳定运行带来新挑战。为了应对间歇式电源广泛高比例接入配电系统,主动调控技术成为配电系统运行管理新的选择。针对分布式电源输出功率调节控制难的问题,储能成为应对电源和负荷不匹配的重要技术手段,对负荷的调控是应对配电系统功率波动的另一技术措施。

　　储能技术是应对能源波动和大幅变化的重要技术,在电能富余时将其转换成便于储存的能量高效储存起来,需要电能时再将其转变为电能。储能技术主要包括天然储能(大型水电站)、机械储能(抽水蓄能、压缩空气储能、飞轮储能等)、电化学储能(钠硫电池、液流电池等)、电磁储能(超导电磁储能、超级电容器等)和相变储能。配电系统中的储能装置主要用于应对分布式能源的功率波动,容量要求不高,常见的为电化学储能和电磁储能。其中,电池储能和电动汽车储能成为应用广泛的技术。

　　配电系统中的分布式电源具有位置分散、容量小和环保低碳的特点,主要包括风力发电、太阳能发电、燃料电池发电、潮汐能发电和生物质发电,目前应用广泛的是风力发电、太阳能发电和生物质发电。风力发电和太阳能发电具有清洁、广泛、安全和价格低廉的特点,但其输出功率的波动性及可利用时间受限。生物质发电具有良好的可控性,且可以在一定程度上解决废弃物的消化问题,但其燃烧后的尾气容易对环境造成污染。这类电源的引入可以解决配电网络末端或偏远地区供电不足问题,可以减少电能长距离输送产生的损耗。配电系统中分布式能源及其配套的储能系统可以作为应急电源,提升配电系统的可靠性和弹性。分布式电源接入配电网使得配电网络具有可以调节的电源,实现了配电网从被动网络向主动系统的转变,丰富了配电系统管理手段。分布式电源主要通过基于电力电子的变流器接入配电网,变流器灵活的控制策略为配电系统功率进行调节,从而为提升供电质量提供了技术支撑。

　　柔性负荷是可以根据需要进行控制的负荷。柔性负荷指可以根据电网控制需要进行灵活互动改变的负荷。柔性负荷可以按照其能量的互动性、管理方式和负荷特性进行分类。柔性负荷按照能量互动性可分为双向互动性柔性负荷和单向柔性负荷。柔性负荷按照管理方式可以分为可激励负荷和可中断负荷。可激励负荷可以将用电行为从电价较高时刻转移到电价较低时刻。可中断负荷是根据签订的可中断负荷协议在电网负荷高峰时段固定时间内减少或停止使用的负荷。柔性负荷按照负荷特性分为工业负荷、商业负荷及居民生活负荷。

电源、储能和柔性负荷资源的引入为配电系统提供了可控资源，丰富了配电系统的调控手段，为配电系统从被动运行向主动运行奠定了基础。引入了调控资源的配电系统运行方式从传统的单一供电方式转变为包含微电网和孤岛运行方式的多方式运行，其相应的控制方式和控制手段也需要进行调整。新型配电系统的控制方式将转向集中控制和分散控制混合的控制方式，通过分层控制实现。常见的控制结构为上层控制实现能量优化管理，中层控制根据上层发布的指令确定底层控制器的最优控制参数，底层控制器根据中层控制指令完成设备层的控制。以电力电子技术为基础的变流器是新能源控制的主要设备，其控制方式更加灵活，灵活的控制策略可以协助配电网实现潮流控制、无功补偿和故障保护。基于电力电子技术的新型配电设备功能更加丰富，可以实现电压变换、功率平衡、改善电能质量和故障限流，结合通信技术，实现新型配电系统主动调控。支持控制方式改变的设施还包括高级测量体系，其更加广泛的测量范围、更高的测量精度、更短的响应时间及双向互动的特点是新型配电系统实现主动调控的基础。

5.2.3　运行控制新技术

大量分布式能源的接入，促使电网控制方式进行调整。分布式能源输出功率的不确定性和不同步性成为其并入电网的巨大挑战，电网控制方式的调整改进主要围绕对大量分布式能源的接纳开展。由于分布式能源大多通过中低压配电网接入电网，配电网控制方式需要采用新技术调整。虚拟电厂和微网技术是配电网应对分布式能源接入的运行控制新技术。对负荷的管理及用户参与是现代配电系统智能化的重要特征，智能用电技术是现代配电系统对负荷进行调节的运行控制新技术。

5.2.3.1　虚拟电厂

虚拟电厂（Virtual Power Plant，VPP）通过先进信息通信技术和软件系统实现多个分布式电源（Distributed Energy Resource，DER）、储能系统、可控负荷、电动汽车等 DER 的聚合和协调优化，作为一个特殊电厂参与电力市场和电网运行。"通信"和"聚合"是虚拟电厂概念的核心。智能计量技术、信息通信技术及协调控制技术是支持虚拟电厂的关键技术。聚合分布式电源参与电力市场和辅助服务市场运行是虚拟电厂最具吸引力的功能。VPP 无须对电网进行改造而能够聚合 DER 对电网输电，并提供快速响应的辅助服务。DER 以 VPP 方式加入电力市场，降低了其在市场中独立运行的失衡风险，可以获得规模经济效益。同时，VPP 的协调控制优化大大减小了 DER 并网对电网的冲击，降低了DER 增长带来的调度难度，使配电管理更趋于合理有序，提高了系统运行的稳定性。

VPP 包括商业型和技术型两大类。商业型 VPP 基于用户需求、负荷预测和发电潜力预测，制订最优发电计划，并参与市场竞标。商业型 VPP 厂不考虑虚拟电厂对配电网的影响，并以与传统发电厂相同的方式将 DER 加入电力市场。商业型 VPP 整合投资组合中的每个 DER 的运行参数、边际成本等信息形成 DER 的联合容量，结合市场情报，制订发电计划，同传统发电厂一起参与市场竞标。一旦竞标取得市场授权，商业型 VPP 与电力交易中心签订远期市场合同，并向技术型 VPP 提交 DER 发电计划表和运行成本信息。

技术型 VPP 是从系统管理角度考虑 DER 聚合对本地网络的实时影响,形成一定成本和运行特性的特殊电厂。技术型 VPP 整合商业型 VPP 提供的数据及网络信息(拓扑结构、限制条件等),计算本地系统中每个 DER 可做出的贡献,形成技术型 VPP 成本和运行特性。技术型 VPP 的成本及运行特性同传统发电厂一起由调度机构进行评估,一旦得到技术确认,技术型 VPP 将控制 DER 执行发电计划。本地网络中,DER 运行参数、发电计划、市场竞价等信息由商业型 VPP 提供。技术型 VPP 提供的服务和功能包括系统管理、系统平衡和辅助服务。

5.2.3.2　微电网

微电网是指由分布式电源、储能装置、能量转换装置、相关负荷和监控、保护装置汇集而成的小型发配电系统。微电网中的电源多为容量较小的分布式电源,即含有电力电子接口的小型机组,包括微型燃气轮机、燃料电池、光伏电池、小型风力发电机组及超级电容、飞轮及蓄电池等储能装置。它们接在用户侧,具有成本低、电压低及污染小等特点。微电网是一个可以实现自我控制、保护和管理的自治系统,它作为完整的电力系统,依靠自身的控制及管理实现功率平衡控制、系统运行优化、故障检测与保护、电能质量治理等功能。

微电网提出了一种与以前完全不同的分布式电源接入系统的新方法。传统的方法在考虑分布式电源接入系统时,着重考虑分布式电源对电网性能的影响。传统控制方法中,当电网出现故障时,需要联网的分布式电源自动停运,以免对电网产生不利影响。微电网要设计成当主电网发生故障时微电网与主电网无缝解列或成孤岛运行,一旦故障排除后便可与主电网重新连接。这种微电网的优点是它在与之相连的配电系统中被视为一个自控型实体,保证重要用户电力供应的不间断,提高供电的可靠性,减少馈线损耗,对当地电压起支持和校正作用。因此,微电网不但避免了传统的分布式发电对配电网的一些负面影响,还能对微电网接入点的配电网起一定的支持作用。

微电网具有双重角色。对于电网,微电网作为一个大小可以改变的智能负载,为本地电力系统提供了可调度负荷,可以在数秒内做出响应,以满足系统需要,适时向大电网提供有力支撑;可以在维修系统的同时不影响客户的负荷;可以延长配电网更新换代。分布式电源可以孤岛运行,能够消除某些特殊操作要求产生的技术障碍。对于用户,微电网作为一个可定制的电源,可以满足用户多样化的需求。例如,增强局部供电可靠性,降低馈电损耗,支持当地电压,通过利用废热提高效率,提供电压下陷的校正,或作为不可中断电源服务等。

此外,紧紧围绕全系统能量需求的设计理念和向用户提供多样化电能质量的供电理念,是微电网的两个重要特征。在接入问题上,微电网的并网标准只针对微电网与大电网的公共连接点(PCC),而不针对各个具体的微电源。微电网不仅解决了分布式电源的大规模接入问题,充分发挥了分布式电源的各项优势,还为用户带来了其他多方面的效益。微电网将从根本上改变传统的应对负荷增长的方式,在降低能耗、提高电力系统可靠性和灵活性等方面具有巨大潜力。

5.2.3.3　智能用电技术

智能用电技术是用户(负荷)参与电力系统运行控制的新技术,经济互动是其主要特征。传统电力系统中用户负荷不参与运行控制,系统根据安全稳定运行控制需要决定向用户负荷输送电能。现代配电系统采用灵活互动的智能用电技术实现用户负荷与电网的互动,推进系统高效、灵活、经济、低碳运行。智能用电技术基于需求侧管理理念,借助高级测量体系和智能电器实现根据电价和电网需要进行负荷的调节,达到高效节能的目的。

智能用电技术主要包括负荷管理和能效管理。负荷管理的主要目的是实现负荷的转移,将高峰时段负荷尽可能向低谷时段转移,使得整个周期性负荷更平稳。负荷具有自然的时间不均衡性和空间不均衡性,时间不均衡性是指负荷随着时间的变化出现高峰时段和低谷时段并出现明显的峰谷差,空间不均衡性是指由于经济和资源不均衡性导致的不同地区负荷的不同。这种负荷的不均衡性加大了电网输电容量的投资。引导负荷转移,实现负荷的时间和空间分布的均衡,可以有效降低电网输电容量的投资。引导负荷时间转移的主要机制是分时电价,通过制定高峰时段高电价和低谷时段低电价引导部分负荷从高峰时段转移至低谷时段。这需要用户能及时获得分时电价信息,并能方便地做出用电时间调整。智能电表可以精确记录用户用电信息,帮助用户从减少费用支出的角度调整用电行为。智能电器可以实现选择低电价时段运行。能效管理促使用户选择能效更高的电器,减少电能用量,从而降低电网负荷需求。智能电器还可以通过家庭通信网络实现与电网互动,根据电网需要紧急断开电器参与对电网频率降低的支持。这种范围更广、数量更多地切除分散负荷可以避免大范围地切除负荷。

用户数据管理是智能用电的另一个重要特征。基于以智能电表为代表的高级测量体系,用户数据管理平台可以实现对用户用电行为的记录、分析和优化,从而给用户提出提高效能、降低电费支出的建议。从电网管理角度看,智能电表实现了用户与电网的互动。智能电表可以接收来自电网的调控,也可以将用户用电信息和配电网信息采集上传电网分析控制中心,实现了配电网的可观测和可控。

5.2.4 协调控制技术

新型配电系统中增加了新的电源类型、柔性负荷和可中断负荷。新型配电系统需要完成对电源、网络和负荷的协调控制,以达到整个系统安全优质高效运行的目标。分层分区控制是大型系统协调控制的基本要求,基于源-网-荷统一调控思想的协调控制增加了双向控制和自治控制的要求,互动控制成为控制的主要要求。不同电源之间的互动、电源与电网之间的互动、电网与负荷之间的互动都需要协调控制。大量分布式电源接入,分布式控制成为重要的配电系统控制方式。局部分布式控制接入大型电力网络后要接受配电网络整体优化控制。分布式控制与全局优化控制之间的协调控制成为重要控制要素。随机优化动态优化将成为新的协调控制目标。源-网-荷快速协调控制和紧急孤岛并离网平滑切换与稳定控制是新型配电系统需要采用的新控制技术。互动或基于预测的控制是多主体协调控制的主要特征。传统的分层分布式控制解决了广范围内多主体之间的控制协调问题,其信息流是单向的。考虑多目标之间的协调综合优化控制是现代配电网控制的特点,配电网中有功无功变化的相互影响更为密切,分布式能源出力变化的快速性和不确定性、多目标优化中权重的确定问题都是新型配电网协调控制需要考虑的问题。

5.2.4.1　分层分区控制

针对数量众多、分布范围广泛的多设备设施控制,常用的控制策略是分层分区控制。全局优化控制层主要完成全局范围内的安全经济运行控制,以各区域为控制节点,为各区域控制分配控制目标。区域控制根据全局控制分配的控制目标对区域内的控制设备进行协调控制。当区域内控制无法满足要求时,则启动与上级控制层或区域之间的协调控制策略。这种控制策略降低了控制设备之间的通信量和计算量,也降低了集中控制对网络和通信的依赖程度。区域控制和设备单元控制具有自主性,这降低了系统控制的失效风险。

分层控制是基于不同时间尺度的控制策略。全局控制优化对应长时间尺度的最优调度,以下一调度周期内负荷预测和间歇式能源发电输出功率预测为基础,根据最优潮流算法计算各可控分布式电源的调度策略。全局优化的目标是全局范围内运行成本最低,并同时满足运行中的功率和电压限制,保证馈线不向上级输送电能。区域控制以功率控制误差调节自治控制为主,根据外界环境变化和负荷需求变化,在短时间尺度范围内对小幅度变化做出实时响应,以修正实际功率变化与预测值的偏差,降低功率波动。类似的是对电压的控制,全局优化控制确定各区域电压控制目标,区域控制完成对区域电压的调节控制。当区域电压调节能力不足时,区域控制系统发出信息交由全局控制。

区域划分是分区控制的基础。一般以包含可控设备的电气分界点作为单独区域划分;馈线上分支界定开关到线路末端构成一个控制区域,馈线上两个分段开关间隔内所有节点构成一个控制区域。这种分区控制可以扩展到微网。

5.2.4.2　博弈协调控制

多目标控制是现代配电系统的重要特征。多目标优化控制中采用目标加权转换为单目标控制,其中权系数的确定是难点。微分博弈理论为求解协调控制问题提供了新思路,通过持续博弈优化参与者各自独立冲突的目标,最终达到纳什均衡,获得各参与者不会因获得更多利益而需要再调整的策略。博弈理论通过各控制体之间的自组织竞争达到均衡,不需要确定权系数,更接近多控制器协调问题的本质。

微分博弈按参与者动机分为合作微分博弈和非合作微分博弈,按信息结构分为确定性微分博弈和不确定性微分博弈,按系统模型分为线性微分博弈和非线性微分博弈。微分博弈解法包括开环纳什均衡、反馈纳什均衡和闭环纳什均衡。微分博弈模型中应用广泛的是非合作、确定、线性二次型无限时长微分博弈,模型中采用线性动态系统方程,收益函数采用包含状态量和控制量的二次型无限积分形式。这个模型可以通过代数 Riccati 方程求解,其解是系统状态量的线性组合形成的均衡控制策略,易于在工程中实现。

微分博弈模型中采用的目标函数是包含状态量和控制量的支付函数,各博弈主体的策略是使得各自的支付函数最小,可以表示为

$$\min J_i = \int_{t_0}^{\infty} \frac{1}{2} \left[x^{\mathrm{T}}(t) Q_i x(t) + u_i^{\mathrm{T}}(t) R_i u_i(t) \right] \tag{5-1}$$

式中:t_0 为博弈开始时间;Q_i 为对称权系数矩阵;R_i 为大于 0 的权系数;u 为参与者的控制策略;x 为状态量,取决于系统方程:

$$x(t) = f(x, u, t) = Ax(t) + BU(t), \ x(t_0) = x_0 \tag{5-2}$$

式中:A 为 m 阶方阵;B 为 m 维列向量;U 为 u 组成的 n 维列向量;x_0 为初始状态向量。

开环均衡解法是构造每位参与者的汉密尔顿函数:

$$H = \frac{1}{2}\left[x^{\mathrm{T}}(t)Q_i x(t) + u_i^{\mathrm{T}}(t)R_i u_i(t)\right] + \lambda^{\mathrm{T}}f(x,u,t) \tag{5-3}$$

控制量 u 是微分博弈开环均衡解的充要条件,满足以下方程组:

$$\begin{cases} \dot{\lambda}_i(t) = -\dfrac{\partial H_i}{\partial x(t)} = -Qx(t) - A^{\mathrm{T}}\lambda_i(t) \\[2mm] \dot{x} = f(x,u,t) = Ax(t) + BU(t) \\[2mm] \dfrac{\partial H_i}{\partial u_i} = R_i u_i + B^{\mathrm{T}}\lambda_i(t) \end{cases} \tag{5-4}$$

可以求得 $u_i(t) = -R_i^{-1}B_i^{\mathrm{T}}P_i x(t)$。$P$ 可以通过代数 Riccati 方程组求解,方程组形式如下:

$$P_i A + A^{\mathrm{T}}P_i - P_i BR^{-1}\sum_{j=1}^{n}B_j^{\mathrm{T}}P_j + Q_i = 0 \tag{5-5}$$

5.2.4.3 区域内的协调控制

分层控制中,将配电网控制分为全局控制优化层、区域控制层和单元自治控制层。区域控制层完成分区内设施设备的协调控制。区域控制因其内部资源的不同而采取不同的控制策略,相对于常规配电网,新型配电系统区域控制增加了对微型电源、储能单元和可控负荷等可控资源的控制需求。区域控制按组织结构分为集中控制、分布控制和混合控制。集中控制需要一个控制中心实现对所有控制单元的协调控制,分布控制是各控制单元实现自治控制,混合控制是集中控制和分布控制的结合。集中控制需要采集各个控制单元的信息,并及时将控制指令传达给各控制单元,计算和通信量大,且存在控制中心失效后导致系统瘫痪的风险。分布控制是各控制单元根据各自采集的系统信息完成控制,不设控制中心,无集中控制缺点,但无法实现全局优化。混合控制采用集中控制实现全局优化控制功能,各控制单元采用分布控制,实现了集中控制和分布控制的优势互补。

区域控制按照内部控制单元间的关系分为主从控制、对等控制和多代理控制。主从控制设置一个或多个主控单元,其他控制单元为从控单元。主控单元实现微网区域内的频率和电压稳定控制,从控单元按照最大发电能力发电。对等控制模式采用平均分配控制策略,通过调差系数实现多个并行控制单元之间的协调控制。对等控制按照无差别原则实现对区域可控资源的控制,各控制单元依据网络频率和电压信号实现基于下垂控制的自动调节。对等控制模式下各微型电源需要留有调节容量,在最大发电模式下无法工作。配备了储能设施的微网可以让微型电源在最大发电模式下工作。多代理控制把每个控制单元作为一个智能体,实现内部控制的同时兼顾与外部的协调控制。

调差系数为各控制单元的下垂系数,即各控制单元有功功率–频率、无功功率–电压之间的变化斜率。传统的下垂控制关系如下:

$$
\begin{cases}
f = f_n + m(P_n - P) \\
U = U_0 - nQ \\
m = \dfrac{f_n - f_{min}}{P_{max} - P_n} \\
n = \dfrac{U_0 - U_{min}}{Q_{max}}
\end{cases}
\tag{5-6}
$$

式中:f_n 为电网的额定频率;P_n 为控制单元在额定频率下的输出有功功率;U_0 为控制单元在不输出无功功率时的电压幅值;P、Q 为控制单元在实际输出的有功功率和无功功率;m、n 为控制单元的有功、无功的下垂系数;P_{max} 为控制单元在频率下降时允许输出的最大有功功率;f_{min} 为控制单元在最大输出有功功率时允许的最小频率;Q_{max} 为控制单元在电压幅值下降时允许输出的最大无功功率;U_{min} 为控制单元在最大输出无功功率时相应的最小电压幅值。

下垂系数的设置需要保证电压和频率在电网允许的偏差范围内。

传统的下垂控制实现了控制单元的自主调节,但其控制特性是固定不变的,难以实现对环境变化引起的功率负荷变化的及时跟踪和反馈,增加带比例积分环节的频率反馈和电压反馈的下垂控制可以增强控制单元的动态稳定性,实现下垂特性直线的平移,平移量取决于系统参数、PI 控制参数和修正的下垂系数。

微电网(微网)是包含新型调控设施的微型区域配电网,其运行控制更加灵活,除联网运行控制外,相对独立的孤岛运行及并网控制需要新的控制策略。微电网单元控制主要依靠微型电源的控制,多采用变流器进行控制,其控制策略一般包括联网运行时的 P-Q 控制和孤岛运行时的 V-f 控制。P-Q 控制策略将有功功率和无功功率解耦,采用电流控制,基于比例积分 PI 的控制器可以实现消除稳态误差的控制。基于锁相环 PLL 技术的 PQ 控制可以使得微型电源获得频率支持。V-f 控制适用于分布式电源储能组合单元控制,控制器采用内外环组合控制,外部电压环控制采用 PI 控制,内电流环采用比例控制,提高动态响应性能。对微网并网控制的主要要求是平稳,减少对电网和微电网的冲击,解列和并网后保持系统稳定运行,其主要功能由并网控制单元完成。并网过程中需要监测电网和微电网电压的幅值、频率和相角,使其在尽可能小的偏差范围内实现同步运行。并网过程控制需要对微网的电压幅值、频率和相角进行调节,尽快实现并网。通过代理控制技术实现对微网的协调控制和全面并网调节,借助并网开关实现微网平稳并网和解列是较为理想的策略。

第6章 配电系统运行管理提升实践

水利枢纽配电系统是一个相对独立的配电系统,其运行管理包括系统的监测控制、设备设施定期维护检修和设备设施更新改造。本章总结分析了小浪底水利枢纽水工电气系统运行管理中遇到的问题及其对策。

6.1 水利枢纽配电系统运行优化

水工电气系统承担着为枢纽闸门及监测系统供电和控制功能,其可靠安全运行与大坝安全有着密切关系。水工电气设备系统运行管理中重点关注了系统运行可靠性问题。水工电气系统可靠运行不仅要靠高可靠性的系统设备支撑,还要靠科学合理的系统运行管理,对设备系统的状态感知、综合分析判断并进行适时调整是关键。

小浪底水利枢纽水工配电系统运行管理提升主要通过科学安排运行方式和加强系统监视分析来保证。科学安排坝用电系统运行方式的主要要求是最大程度保证系统两路电源供电,并保证主备用电源正常切换,提升系统运行的可靠性。加强对系统运行状态的监视和管理,通过对系统运行电压、变压器温度、开关 SF_6 压力、闸门控制系统电压、水泵运行时间等设备运行状态信息的定期采集分析实现。

6.1.1 水工电气系统

6.1.1.1 小浪底水利枢纽

小浪底水利枢纽是黄河中游豫晋两省交界地带治黄控制性工程,位于洛阳市以北黄河中游最后一段出口处,南距洛阳市 40 km,上距三门峡水利枢纽坝址 130 km,下距郑州花园口 128 km,其具体位置见图 6-1。小浪底水利枢纽控制流域面积 69.4 万 km²,占黄河流域总面积的 92.3%,是黄河干流三门峡以下唯一能取得较大库容的控制性工程。小浪底水利枢纽设计功能以防洪(包括防凌)、减淤为主,兼顾供水、灌溉和发电,蓄清排浑,除害兴利,综合利用。小浪底水利枢纽坝址位置示意图见图 6-2。

小浪底水利枢纽坝顶设计高程为 281.00 m,正常蓄水位为 275.00 m,死水位为 230.00 m,汛期防洪限制水位为 254.00 m,防凌限制水位为 266.00 m。小浪底水利枢纽水库总库容 126.5 亿 m³,其中拦沙库容 75.5 亿 m³,防洪库容 40.5 亿 m³,调水调沙库容 10.5 亿 m³。水库正常蓄水位和校核洪水位同为 275.00 m,小浪底水利枢纽电站装机容量 1 800 MW,是一座大(1)型综合利用的水利枢纽。枢纽按 1 000 年一遇洪水设计,相应洪峰流量 40 000 m³/s,设计洪水位为 274.00 m;按 10 000 年一遇洪水校核,相应洪峰流量 52 300 m³/s。枢纽建成后,下游防洪标准由 60 年一遇提高到 1 000 年一遇,基本解除凌汛灾害,减少下游淤积;灌溉面积增加至 4 000 万亩(1 亩 = 1/15 hm²,全书同);多年平均增加非汛期调节水量 17 亿 m³;多年平均发电量 51 亿 kW·h。

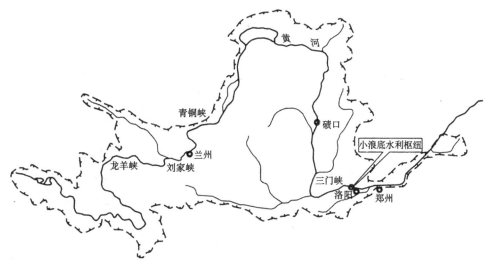

图6-1 黄河小浪底水利枢纽位置

小浪底水利枢纽工程等别为Ⅰ等,主要建筑物为1级建筑物。枢纽工程由拦河大坝、泄洪排沙系统和引水发电系统三部分组成,详见图6-3。

拦河大坝包括主坝和副坝。泄洪排沙系统由三条直径为14.5 m的孔板消能泄洪洞(施工前期为导流洞,大河截流后改建)、三条断面尺寸为(10.0~10.5)m×(11.5~13.0)m的明流泄洪洞、三条直径为6.5 m的排沙洞、一条直径为3.5 m的压力灌溉洞、一座正常溢洪道、十座进水塔、一座综合消能水垫塘组成。引水发电系统由六条直径为7.8 m的引水发电洞,一座长251.5 m,跨度为26.2 m、最大开挖深度为61.44 m的地下厂房,一座主变室,一座尾闸室和三条断面为12.0 m×19.0 m的尾水洞组成。小浪底水利枢纽受地形地质条件限制和运行要求,泄洪洞、发电洞、灌溉洞和溢洪道进水口集中布置在主坝左岸山体,出水口集中布置在主坝下游左岸,地下厂房位于左岸"T"形山梁交会处的腹部,呈空间立体交叉,地下洞室之多、程度之复杂为国内外罕见。

小浪底水利枢纽拦河大坝的主坝为坐落在深厚覆盖层基础上带内铺盖的壤土斜心墙堆石坝,最大坝高160 m,坝顶高程281.00 m,坝顶长1 667 m,坝顶宽15 m。主坝185.00 m高程以上上游坡坡比为1:2.6,以下为1:3.5;高程155.00 m以上下游坡坡比为1:1.75,以下为1:2.5。采用造孔深82 m、厚1.2 m的混凝土防渗墙及基岩帷幕灌浆进行坝基防渗,混凝土防渗墙向上插入斜心墙12 m,向下嵌入基岩1~2 m,形成主坝的主垂直防渗系统;利用坝前泥沙淤积和拦洪围堰的壤土斜墙、主坝上爬式内铺盖形成水平辅助防渗体系。主坝基础深厚砂砾石覆盖层采用两道垂直防渗处理。上游围堰斜墙下采用塑性混凝土防渗墙和高压旋喷灌浆幕相结合的防渗措施。主坝共采用17种坝料进行分区填筑,截流戗体、拦洪围堰是其一部分,典型剖面见图6-4。

副坝位于左岸风雨沟东侧垭口处,坝型为土质心墙堆石坝,坝顶高程281.00 m,最大坝高47 m,坝顶长191.2 m、宽15.0 m,上、下游坡坡比均为1:2.5,下游坡在高程260.00 m处设一3.0 m宽马道,下游坡脚压坡高程240.00 m。心墙顶宽7.5 m,上、下游坡比均为1:0.3,在其上、下游各设两层宽2.0 m反滤料。在下游坝壳底部设厚1 m的排水层,延伸

图 6-2 小浪底水利枢纽坝址位置示意图

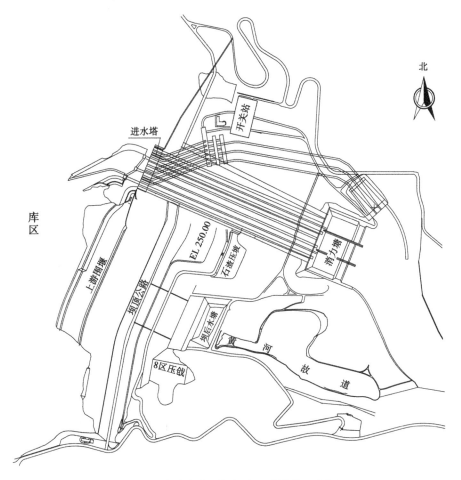

图 6-3　小浪底水利枢纽主要建筑物示意图

至坝脚外。副坝 DG0-831.89—DG0-（1+023.89）段因坝基岩石破碎,裂隙发育,为加强整体蓄水防渗效果,根据设计要求,对岩石基础进行坝基固结灌浆和双排孔帷幕灌浆。副坝 DQ-910.00 m 典型断面见图 6-5。

泄洪、排沙、引水发电及灌溉隧洞进水口布置在左岸山体风雨沟内,16 条隧洞进口组成十座进水塔,呈“一”字形排列,进水塔塔顶高程 283.00 m,总宽 276.4 m,高 113 m,长 52.8～70.0 m,进水塔上游立视图见图 6-6。孔板洞进口高程 175.00 m,直径 14.5 m,洞长分别为 1 134 m、1 121 m、1 121 m;明流洞进口高程分别为 195.00 m、209.00 m、225.00 m,断面尺寸分别为 10.5 m×13.0 m、10.0 m×12.0 m 和 10.0 m×11.5 m,洞长分别为 1 093 m、1 079 m、1 077 m;排沙洞进口高程为 175.00 m,洞径为 6.5 m,洞长均为 1 105 m;溢洪道为岸坡开敞式,堰顶高程 258.00 m,堰体高 12 m。

引水发电系统由发电进水塔、引水洞、压力钢管、地下厂房、主变室、尾闸室、尾水洞、尾水渠和防淤闸等组成。六条引水洞为压力洞,进口高程 1 号～4 号洞为 195.00 m,5 号、6 号洞为 190.00 m,洞径均为 7.8 m,长 423.79～324.27 m 不等(含压力钢管)。地下厂房尺寸 251.1 m×26.2 m×57.94 m(长×宽×高)。主变室平行厂房布置,与厂房净距 32.0 m,

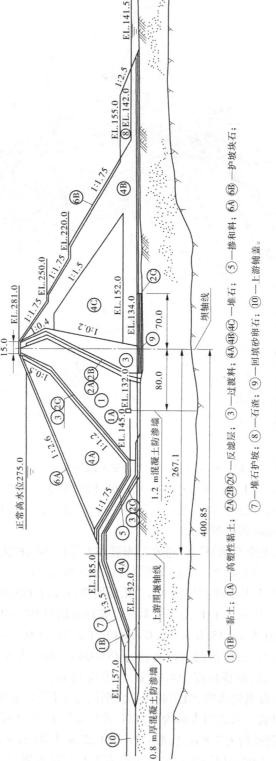

图 6-4　主坝典型剖面图　单位：m

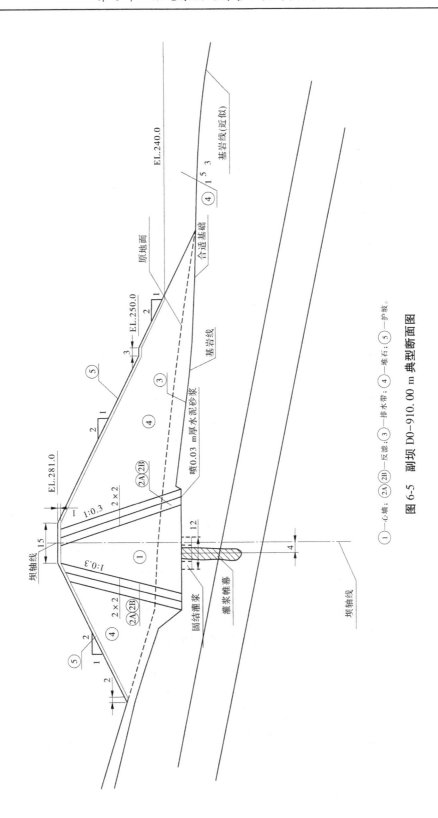

图 6-5　副坝 D0-910.00 m 典型断面图

①—心墙；②A②B—反滤；③—排水带；④—堆石；⑤—护坡。

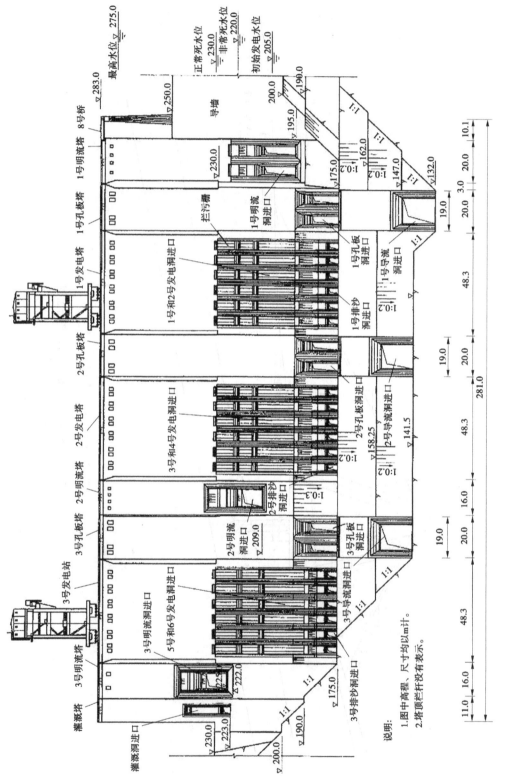

图 6-6　进水塔上游立视图

尾闸室平行主变室,与主变室净距 24.3 m。3 条尾水洞为明流洞,断面尺寸 12.0 m×19.0 m,长分别为 805 m、856 m、906 m。3 条尾水明渠各宽 12 m、长 160 m,尾部设置 3 孔防淤闸,闸孔尺寸 14.0 m×22.5 m。

消力塘布置在左岸山体下游桥沟西侧,各泄洪排沙建筑物泄水均集中在消力塘消能,通过桥沟泄水渠往下游与黄河连接。消力塘为钢筋混凝土结构,一级消力塘长 140~160 m、宽 319 m、深 28 m,池底高程 113.00~110.20 m;二级消力塘长 35 m、宽 354 m、深 15 m,池底高程 125.00 m。

小浪底泄洪排沙系统和引水发电系统共有闸门 72 扇,其中平面闸门 50 扇、弧形闸门 22 扇。各种起重机械 74 台(套),其中固定卷扬式启闭机 19 台(套)、液压启闭机 28 台、进水塔门式启闭机 2 台、厂房桥机 2 台、台车式启闭机 1 台及其他检修桥机等。

小浪底地下厂房共安装 6 台单机容量为 300 MW 的水轮发电机组,前 10 年设计多年平均年发电量为 45.99 亿 kW·h,10 年后为 58.51 亿 kW·h。水轮机为立轴混流式水轮机,额定水头 112.00 m,额定流量 296 m³/s,水头适用范围为 67.91~141.67 m。发电机为立轴、空冷、半伞式三相同步发电机,由哈尔滨电机厂设计并与东方电机厂分别制造。小浪底黄河变电站为户外布置式变电站,主接线采用双母线双分段带旁路接线方式,电压等级为 220 kV,设计 6 回出线,其中 4 回接入洛阳牡丹变电站,1 回接入洛阳吉利变电站,1 回备用。2006 年河南省电力公司利用备用出线间隔增加 1 回出线,与济源荆华变电站连接。

6.1.1.2　水工电气系统

小浪底水利枢纽水工电气系统包括坝用电系统、闸门控制系统和排水设施控制系统。坝用电配电设备包括 10 kV 系统 34 面高压开关柜、17 台干式变压器和 19 条高压电缆,400 V 系统 14 个动力中心 139 面配电柜和配电箱。小浪底工程水工设施闸门电气控制系统包括明流洞、排沙洞、孔板洞、溢洪道事故闸门和工作闸门 25 套控制盘柜。小浪底水利枢纽水工排水设施控制系统包括 6 套进水塔、消力塘和集水井排水泵控制盘柜。

小浪底工程坝用电系统采用 10 kV 和 0.4 kV 两级电压供电。如图 6-7 所示,10 kV 系统采用单母线分段接线方式,两段母线间设联络断路器。每段母线设有 2 个独立电源,第 I 段母线(坝用电 9 段)2 个独立电源分别取自东河清变电站 10 kV 系统北段母线和厂用电 10 kV 系统 I 段母线,第 II 段母线(坝用电 10 段)2 个独立电源分别取自东河清变电站 10 kV 系统南段母线和厂用电 10 kV 系统 13 段母线。坝用电 10 kV 系统 11 段母线和12 段母线是消力塘供电系统,分别取自坝用电 10 kV 系统 9 段母线和 10 段母线。

坝用电 0.4 kV 系统包括 3 个进水塔动力中心、3 个排沙洞动力中心、2 个消力塘动力中心、1 个孔板洞动力中心、1 个溢洪道动力中心、1 个控制楼副楼动力中心和 1 个照明配电中心。其中,溢洪道动力中心引自副楼动力中心。进水塔动力中心、孔板洞动力中心、溢洪道动力中心、副楼动力中心均为单母线分段接线,排沙洞动力中心、消力塘动力中心、照明配电中心为单母线接线。排沙洞动力中心为双电源供电,消力塘动力中心和照明配电中心为单电源供电。

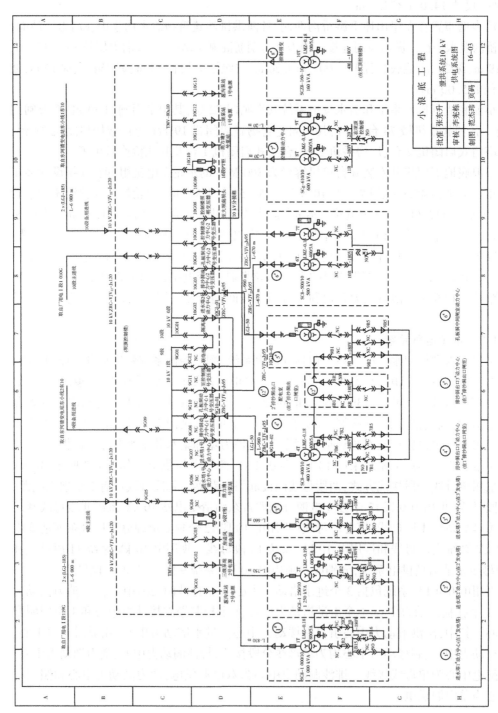

图 6-7　小浪底水利枢纽泄洪系统供电网络

6.1.2　水工配电系统运行方式优化

小浪底水利枢纽水工配电系统正常运行方式为各母线分段运行,特殊运行方式为联络运行。坝用电 10 kV 系统主用供电电源为厂用电,备用电源为东河清变电站。特殊运行方式还包括备用电源投入运行及从坝用电反送厂用电的情况。备用电源投入时需要根据保护定值设置情况限制所带负荷,且此时坝用电 10 kV 系统无备自投。从坝用电反送厂用电需要重新核定联络断路器和进线断路器保护定值并进行修改。

6.1.2.1　坝用电备用电源投入运行

1. 背景

小浪底水利枢纽水工配电系统在建设期采用东河清变电站供电方式。小浪底电站建成后,水工配电系统采用厂用电供电方式,这可以提高水工配电系统供电可靠性。对比水工配电系统电源开关(开关和断路器为相同设备,无特殊说明不再严格区分)保护定值发现,小浪底水利枢纽水工配电系统备用进线开关和主用进线开关保护定值不一致,需要根据保护情况核定备用电源投入时可以满足的供电负荷。

小浪底水利枢纽水工配电系统进线断路器保护定值见表 6-1。从小浪底水利枢纽水工配电系统保护定值看,备用电源容量小,因此在紧急情况下投入坝用电备用电源时,需要限制负荷容量。2003 年生产技术管理部门相关文件要求,在东河清备用进线投入时退出葱沟泵房 2 台 630 kW 水泵运行。

表 6-1　小浪底水利枢纽水工配电系统进线断路器保护定值

柜号	电流保护定值/A	保护时间定值/s	说明
9G05 主用进线	8.00	1.25	引自厂用电 119 G
10G05 主用进线	8.00	1.50	引自厂用电 1 010 G
9G09 备用进线	5.15	1.50	引自东河清变电站东 10 kV 南母(Ⅱ段)
10G07 备用进线	5.15	1.50	引自东河清变电站东 10 kV 北母(Ⅰ段)

2. 电源及负荷容量确定

水工配电系统供电容量应从上级电源系统分配容量确定。在无相关资料情况下,配电系统运行方式所带负荷应根据保护定值确定,并确保定值合理正确。

1) 水工配电系统备用进线容量

水工配电系统备用电源容量根据供电开关柜保护定值来确定,负荷容量依据负荷变压器或实际运行负荷来确定。

水工配电系统保护定值为投运时计算定值。考虑到系统运行多年后所接负荷发生了变化,应重新核定电源所能供电容量。供电容量要限制在供电电缆所能承受的范围内,且保证不超越保护定值设定情况。东河清供电电缆截面面积为 $3 \times 120 \ mm^2$,最大载流量为 300 A。

水工配电系统备用电源取自东河清变电站,其中 9 段备用进线引自东河清 10 kV 南母 2 东 10 开关,10 段备用进线引自东河清 10 kV 北母 1 东 06 开关。这两台开关保护定值见表 6-2。从保护定值上看,备用进线最大允许工作负荷电流为 309 A,其中 9 段为 300 A。从 CT 变比上看,10 kV 开关柜开关的额定工作电流应为 300 A。

表 6-2　东河清变电站相关保护定值

柜号	电流保护定值/A	保护时间定值/s	说明
1 东 06	13.33	0	至 10G07 备用进线
	5.15	1.50	CT 变比:300/5
2 东 10	5.00	0.50	至 9G09 备用进线
	2.50	1.00	CT 变比:300/5

2）负荷容量

水工配电系统应优先保证溢洪道（控制楼动力中心）、进水塔动力中心、坝用电照明配电中心、孔板洞动力中心、排沙洞动力中心和消力塘泵房。根据变压器容量计算的重要负荷最大工作电流见表 6-3。

表 6-3　重要负荷最大工作电流

序号	负荷名称	最大工作电流/A	变压器容量/kVA	保护定值/A
1	溢洪道（控制楼动力中心）	34.65	630	2.18
2	2 号进水塔动力中心	68.74	1 250	3.03
3	1、3 号进水塔动力中心	110.00	2 000	2.43×2
4	控制楼照明变电站	8.80	160	0.39
5	孔板洞动力中心	27.50	500	1.21
6	排沙洞动力中心	22.00	400	1.01
7	消力塘泵房	22.00	400	1.58
合计		293.69		

葱沟泵站变压器容量为 800 kVA，工作电流为 43.99 A。三级泵站变压器容量为 400 kVA，工作电流为 22.00 A。

3. 坝用电备用电源投入负荷限制方案

负荷功率因数按 0.8 计算，坝用电 9 段负荷不含 2 号动力中心和照明配电中心，最大负荷电流为 270.19 A；10 段负荷不含 1 号动力中心和 3 号动力中心，最大负荷电流为 229.62 A。如果同时增加葱沟泵房和三级泵站负荷，9 段最大负荷电流为 352.69 A，10 段最大负荷电流为 312.12 A，均超过了额定电流和保护允许最大负荷电流。如果只加上三级泵站电源负荷，9 段最大负荷电流为 297.69 A；10 段最大负荷电流为 257.12 A，不超过允许最大负荷电流。如果 10 段只加上葱沟泵站电源，最大负荷电流为 284.62 A，不超过允许最大负荷电流。

根据坝用电备用电源及负荷容量计算结果可以看出，坝用电备用电源投入运行时，可以同时投入控制楼动力中心、进水塔动力中心、坝用电照明配电中心、孔板洞动力中心、排沙洞动力中心和消力塘泵房。为了最大限度地利用坝用电容量，将停电影响降低到最小，可以考虑 9 段备用电源投入运行时带三级泵站 2 号电源，10 段备用电源投入运行时带葱沟泵站 2 号电源，此时葱沟泵站和三级泵站变为单电源运行，但不会停电。备用电源投入运行时应切除负荷见表 6-4。

表 6-4　备用电源投入运行时应切除负荷

序号	运行方式	应切除负荷
1	9 段备用电源投入运行	葱沟泵站 2 号电源 9G01
2		厂用通风机电源 9G03
3	10 段备用电源投入运行	码头变电源 10G09
4		三级泵站 1 号电源 10G12

6.1.2.2　小浪底坝用电 9 段返送厂用电

1. 背景

小浪底地下厂房在生产过程中会出现单一电源供电情况,厂用电 3 段从高备变经 13 段供电,厂房排水、机组运行、检修用电均为单一电源,若电网故障或高备变故障,将全厂失电。柴油发电机容量较小,无法满足厂用电及坝用电供电需求,需再恢复 1 段厂用电,来保证厂房排水、机组运行和检修用电。

小浪底坝用电 9G 有两路进线(9G09、9G05),9G05 取自厂用电 I 段 119G,9G09 取自东河清变电站 2 东小线。坝用电 9G 由 2 东小线供电时,可以合上 9G05 开关,通过 119G 线路为小浪底厂用电 I 段反送电,由东河清同时为坝用电和厂用电 1 段供电,见图 6-8。

2. 可行性分析

1) 供电容量

东河清为坝用电供电电缆的截面面积为 $3×120 \text{ mm}^2$,最大载流量为 300 A(如果按 2.5 倍估算,铜芯电缆实际载流量可以达到 341 A)。东河清 2 东 10 开关额定电流为 1 250 A,坝用电 9 段进线开关 9G05 和 9G09 额定电流为 800 A。按照设计经验估计,供电电流按 0.7 倍电缆额定载流量考虑,应为 210 A。坝用电与厂用电供电电缆截面面积为 $3×95 \text{ mm}^2$,最大载流量为 250 A。

2) 坝用电负荷

日常负荷,9 段备用进线开关监测电流显示为 31 A,其中葱沟泵站为 13 A,三级泵站为 11 A,厂房通风变为 5 A。

闸门启闭负荷考虑一路最大负荷。最大负荷孔板洞事故门额定功率为 528 kW,对应电流为 34.15 A(功率因数按 0.85 计算)。如果按同时启动两个门计算,应为 68.30 A。坝用电最大负荷电流估算为 100.3 A。

3) 厂用电负荷

厂用电 I 段主要负荷为 111D 和 113Z,厂用电 II 段主要负荷为 112Z。400 V 公用电 1D 主要负荷包括检修排水 3 号泵(功率 165 kW)和渗漏排水 1 号泵(功率 180 kW)。

机组自用电负荷较小。厂用电 I、II 段总负荷不超过 500 kW,对应电流为 32.35 A(功率因数按 0.85 计算)。

厂用电总负荷电流估算为 100.3 A+32.35 A=132.65 A<210 A,满足要求,具备反送电条件。

3. 前期准备工作

运行部负责统计厂用电 I、II 段主要负荷,制定操作方案。将 I、II 段所有开关断开

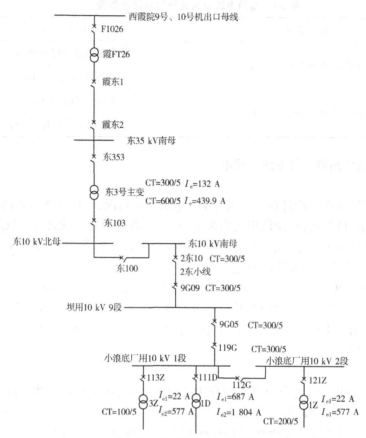

图6-8 小浪底工程坝用电返送厂用电供电系统

并摇至试验位,退出地刀,退出 1121、112G、121G、1222 开关备自投连片;确认 119G 电缆绝缘测试及耐压试验合格。

检修部负责核算霞东线-2 东小线-119G-厂用电 Ⅰ 段保护定值,并修改相应开关定值,包括 2 东 10、9G09、9G05、119G、1121、113Z、111D;确认 119G 线路电缆具备反送电条件。

水工部负责核算坝用电负荷,确认线路容量具备反送电条件;解除坝用电 9G 两路进线开关 9G09、9G05 闭锁;修改 9G09、9G05 保护定值;将坝用电 9G 负荷葱沟泵房、三级泵站转移到 10G 运行。

生产保障部负责确认 2 东小线容量满足反送电要求;修改 2 东 10 开关保护定值。

4. 操作步骤

查 10 kV 厂用电 Ⅰ 段所有开关已摇至试验位、地刀已退出,119G、112G 保护装置正常,保护连片已投入。生产保障部确认 2 东 10 开关保护定值已修改,保护装置正常投入。水工部确认 9G09、9G05 开关闭锁已解除,定值已修改,保护装置正常投入,9G05 开关在试验位。检修部确认厂用电 Ⅰ 段 119G、1121、113Z、111D 保护定值已修改。将厂用电 Ⅰ 段 PT 摇至工作位,将 119G 开关摇至工作位。水工部将 9G05 开关摇至工作位,合上 9G05 开关,查坝用电 9G 运行正常。现地合上 119G 开关,查厂用电 Ⅰ 段 PT 电压正常,Ⅰ

段母线无异常,确认 I 段母线相序正确。水工部查坝用电 9G 运行正常,生产保障部查 2 东小线运行正常,西霞院查霞东线运行正常。

小浪底电站 10 kV 厂用电 I 段联络 II 段运行。查 10 kV 厂用电 II 段所有开关已摇至试验位,PT 在工作位,121G 开关保护装置正常投入;将小浪底 10 kV 厂用电 I 段、II 段联络开关 112G 摇至工作位,现地合上 112G 开关。将 10 kV 厂用电 II 段、I 段联络开关 121G 摇至工作位,现地合上 121G 开关。查厂用电 II 段 PT 电压正常,II 段母线无异常,I 段带 II 段运行正常,确认 II 段相序正确。水工部查坝用电 9G 运行正常,生产保障部查 2 东小线运行正常,西霞院查霞东线运行正常。

小浪底 10 kV 厂用电 I 段、II 段负荷开关送电。根据现场生产需要,按操作票操作送电。

反送电运行后注意事项:西霞院运行人员定期检查霞东线负荷情况及 FT26 变压器运行情况。生产保障部定期检查 2 东小线运行情况。水工部应定期检查坝用电 9G 运行情况,若坝用电出现紧急情况,可断开 9G05 开关,切除厂用电。运行人员加强对 10 kV 厂用电 I 、II 段及投运负荷的检查。

5. 相关保护整定计算情况

1) 系统设备参数及短路电流计算

(1) 设备参数计算结果见表 6-5。计算过程如下:

①西霞院至东河清 35 kV 南母线路阻抗值。

最大运行方式阻抗标幺值:$Z_* = \sqrt{(0.237\ 939 + 0.741\ 811)} = 0.779$

最小运行方式阻抗标幺值:$Z_* = \sqrt{(0.237\ 939 + 0.796\ 338)} = 0.831$

②西霞院至东 10 kV 南母线路阻抗值。

最大运行方式阻抗标幺值:$Z_* = 0.779 + 0.95 = 1.729$

最小运行方式阻抗标幺值:$Z_* = 0.831 + 0.95 = 1.781$

(东 3 号变阻抗标幺值:0.95)

③西霞院至坝顶 9 段母线路阻抗值。

最大运行方式阻抗标幺值:$Z_* = 1.729 + 0.668 = 2.397$

最小运行方式阻抗标幺值:$Z_* = 1.781 + 0.668 = 2.449$

(2 东小线阻抗标幺值:0.668)

④西霞院至 10 kV 1 段 3 号自用变低压侧阻抗标幺值。

最大运行方式阻抗标幺值:$Z_* = 2.397 + 10.95 = 13.347$

最小运行方式阻抗标幺值:$Z_* = 2.449 + 10.95 = 13.399$

(3 号自用变阻抗标幺值:10.95)

⑤西霞院至 10 kV 1 段 1 号公用变低压侧阻抗标幺值。

最大运行方式阻抗标幺值:$Z_* = 2.397 + 5.096 = 7.493$

最小运行方式阻抗标幺值:$Z_* = 2.449 + 5.096 = 7.545$

(1 号共用变阻抗标幺值:5.096)

⑥西霞院至 10 kV 2 段 1 号自用变低压侧阻抗标幺值。

最大运行方式阻抗标幺值：$Z_* = 2.397 + 10.975 = 13.372$

最小运行方式阻抗标幺值：$Z_* = 2.449 + 10.975 = 13.424$

（3 号自用变阻抗标幺值：10.975）

表 6-5　坝用电返送厂用电接线系统参数

母线名称	运行方式	电阻标幺值	电抗标幺值	阻抗标幺值	三相短路电流/kA	两相短路电流/kA
东河清 35 kV 南母	大	0.237 939	0.741 811	0.779	7.059	
	小	0.237 939	0.796 338	0.831		5.73
东 10 kV 南母	大			1.729	3.181	
	小			1.781		2.674
坝顶 9 段 母线	大			2.397	2.295	
	小			2.449		1.945
10 kV 1 段 3 号自用变	大			13.347	0.412	
	小			13.399		0.355
10 kV 1 段 1 号公用变	大			7.493	0.734	
	小			7.545		0.631
10 kV 2 段 1 号自用变	大			13.372	0.411	
	小			13.424		0.355

（2）短路电流计算。

10 kV 基准电流：$I\_j = Sj/(\sqrt{3} \times U\_P) = 100/(\sqrt{3} \times 10.5) = 5.499$

35 kV 基准电流：$I\_j = Sj/(\sqrt{3} \times U\_P) = Sj/(\sqrt{3} \times 37) = 1.560$

2）定值整定计算

（1）2 东 10 开关定值整定。

速断定值整定：

$$I_{op}^{\mathrm{I}} = \frac{1.945 \times 1\,000}{1.5 \times 60} = 21.6 (\mathrm{A})$$

时限取 0.5 s。过流定值整定：

已知东 3 号主变低压侧额定电流为 439.9 A，故 2 东 10（9G09）开关过流保护整定值为：

$$I_{op}^{\mathrm{II}} = \frac{1.0 \times 439.9}{0.95 \times 60} = 7.72 (\mathrm{A})$$

时限取 1 s。

（2）9G09 开关定值整定。

9G09 开关不配置速断保护，过流保护定值与 2 东 10 开关定值保持一致。

（3）9G05 开关定值整定。

9G05 开关速断保护定值与 2 东 10 开关定值保持一致,为 21.6 A,时限取 0.25 s。

过流定值整定:

T3Z 变压器高压侧额定电流为 22 A,T1D 变压器高压侧额定电流为 68.73 A,T1Z 变压器高压侧额定电流为 22 A。

因此,9G05 开关过流定值为:

$$I_{op}^{II} = \frac{1.2 \times (22 + 68.73 + 22)}{60} = 2.25(A)$$

时限取 0.75 s。

(4)119G 开关定值整定。

119G 开关不配置速断保护,过流保护定值与 9G05 开关定值保持一致。

(5)113Z 开关保护定值计算。

速断保护定值计算:

$$I_{op}^{I} = \frac{1.3 \times 412}{20} = 26.78(A)$$

灵敏度校验:

$$k_{sen} = \frac{I_{min}^{(2)}}{I_{sd}} = \frac{1\,945}{1.3 \times 412} = 3.63 > 2$$

满足要求。

综上,113Z 开关速断保护电流定值为 26.78 A,时限取 0 s。

过流保护电流定值计算,按躲过可能出现的过电流整定:

$$I_{op}^{II} = 1.2 \times \frac{3 \times 22}{0.95 \times 20} = 4.17(A)$$

灵敏度校验:

$$k_{sen} = \frac{1.945 \times 1\,000}{20 \times 4.17} = 23 > 1.5$$

满足要求,时限取 0.5 s。

(6)111D 开关保护定值计算。

速断保护定值计算:

$$I_{op}^{I} = \frac{1.3 \times 734}{30} = 31.81(A)$$

灵敏度校验:

$$k_{sen} = \frac{I_{min}^{(2)}}{I_{sd}} = \frac{1\,945}{1.3 \times 734} = 2.04 > 2$$

满足要求。

综上,111D 开关速断保护电流定值为 31.81 A, 时限取 0 s。

过流保护电流定值计算,按躲过可能出现的过电流整定:

$$I_{op}^{II} = 1.2 \times \frac{3 \times 68.72}{0.95 \times 30} = 8.68(A)$$

灵敏度校验：

$$k_{sen} = \frac{1.945 \times 1\,000}{30 \times 8.68} = 7.4 > 1.5$$

满足要求，时限取 0.5 s。

(7)121Z 开关保护定值计算。

速断保护定值计算：

$$I_{op}^{I} = \frac{1.3 \times 411}{40} = 13.36(A)$$

灵敏度校验：

$$k_{sen} = \frac{I_{min}^{(2)}}{I_{sd}} = \frac{1\,945}{1.3 \times 411} = 3.64 > 2$$

满足要求。

综上，121Z 开关速断保护电流定值为 13.36 A，时限取 0 s。

过流保护电流定值计算，按躲过可能出现的过电流整定。

$$I_{op}^{II} = 1.2 \times \frac{3 \times 22}{0.95 \times 40} = 2.08(A)$$

灵敏度校验：

$$k_{sen} = \frac{1.945 \times 1\,000}{40 \times 2.08} = 23.38 > 1.5$$

满足要求，时限取 0.5 s。

(8)112G 开关保护定值。

112G 开关定值与 121Z 开关定值保持一致。

6.1.3　水工配电系统电压波动问题

坝用电系统运行中的电压和电量信息每月定期人工采集。坝用电系统运行电压变化分析表明，部分系统电压波动较大。用电量统计分析表明，坝用电负荷存在明显的季节波动特点且不平衡。

6.1.3.1　坝用电系统运行电压波动较大

对坝用电运行电压监测结果表明，坝用电 9 段运行电压偏高且波动较大，10 段运行电压在合理范围之内且相对稳定。2019 年 1—11 月坝用电系统运行电压监测结果表明，坝用电 9 段运行电压变化范围为 10.42~10.88 kV，10 段运行电压变化范围为 10.18~10.33 kV。相应的 400 V 系统母线电压变化范围为 370~420 V。其中，9 段运行电压超过 10.7 kV 时间长达 6 个月。《电能质量　供电电压偏差》（GB/T 12325—2008）中规定，20 kV 及以下三相供电电压偏差为系统标称电压的±7%，则 10 kV 系统的供电电压偏差允许范围为 9.3~10.7 kV，380 V 系统供电电压偏差允许范围为 354~407 V。显然，坝用电 9 段母线及其所带系统运行电压存在偏高情况。这与坝用电电源情况有关。坝用电 9 段电源引自厂用电 1 段，厂用电 1 段为地方电网供电，从孟津 110 kV 电网供电至东河清 35 kV 变电站，再降压至 10 kV 系统。10 段电源引自厂用电 13 段，上级电源为黄河变电站 220

kV 系统。

　　坝用电系统运行过程中曾经出现门机变频器运行电压高报警情况。《发电厂及变电站辅机变频器高低电压穿越技术规范》(DL/T 1648—2016)中规定,变频器长期运行电压范围为 0.9~1.1 倍额定电压。变频器厂家技术资料表明,当供电电压低于额定电压时,变频器输出将线性降低,直至在电压降低至 0.9 倍额定电压时输出为 0。《配电变压器运行规程》(DL/T 1102—2021)中规定变压器运行电压不应高于额定分接电压的 5%。为了保证变频器及其配电系统安全运行需要,供电电压应控制在 1.0~1.05 倍额定电压范围内,10 kV 系统的供电电压偏差允许范围为 10.0~10.5 kV,380 V 系统供电电压偏差允许范围为 380~399 V。

　　通过对坝用电变压器挡位的调整优化了坝用电系统运行电压波动情况,2020 年和 2021 年坝用电系统运行电压监测结果表明,坝用电 9 段运行电压逐渐回落在合理范围之内且相对稳定(见图 6-9)。2021 年度坝用电 9 段主要由备用电源东河清变电站供电。

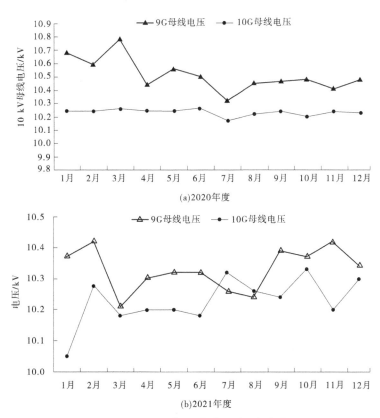

图 6-9　坝用电母线电压年度变化

6.1.3.2　坝用电系统用电负荷不平衡且波动大

　　坝用电电量信息监测结果表明,坝用电负荷呈现阶段性变化,汛前汛后用电负荷稍高,这符合水工工作特点;供生产保障部负荷占有较大比例,坝顶控制楼动力中心用电量呈现夏季冬季两个用电高峰特点。同时,坝用电负荷用电呈现出不均衡性,进水塔 2 号动力中心用电量较多且稳定,排沙洞 1 号、2 号动力中心用电量较多,孔板洞动力中心 2 段用电量较多。外部供电中生产保障部葱沟泵房负荷占有较大比例,坝顶控制楼副楼动力中心 1 段负荷用电量较多。详见图 6-10。

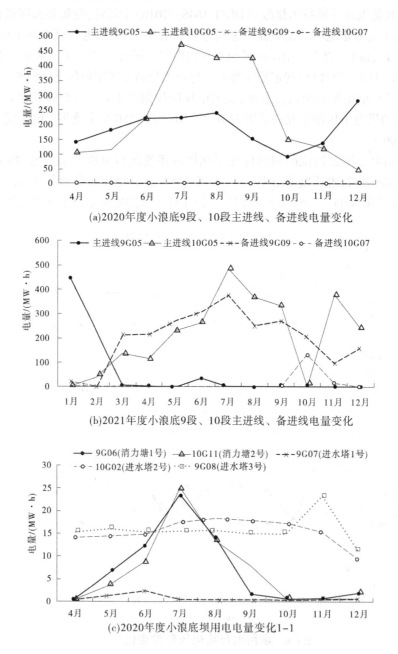

(a)2020年度小浪底9段、10段主进线、备进线电量变化

(b)2021年度小浪底9段、10段主进线、备进线电量变化

(c)2020年度小浪底坝用电电量变化1-1

图 6-10 坝用电用电量月度变化

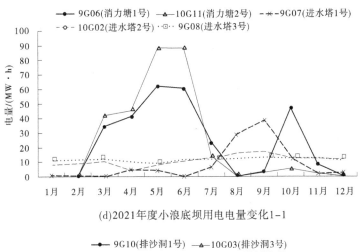

(d)2021年度小浪底坝用电电量变化1-1

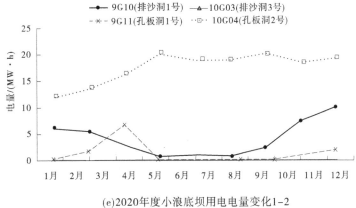

(e)2020年度小浪底坝用电电量变化1-2

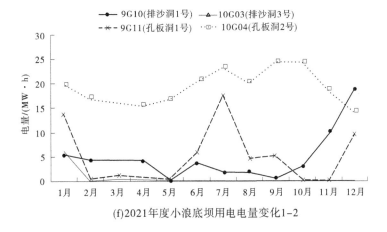

(f)2021年度小浪底坝用电电量变化1-2

续图6-10

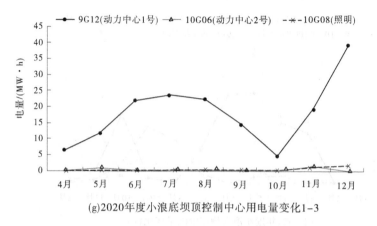

(g)2020年度小浪底坝顶控制中心用电量变化1-3

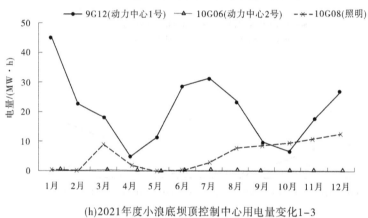

(h)2021年度小浪底坝顶控制中心用电量变化1-3

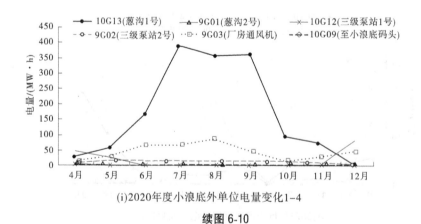

(i)2020年度小浪底外单位电量变化1-4

续图6-10

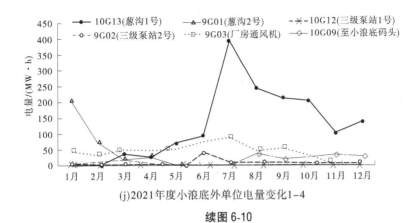

(j)2021年度小浪底外单位电量变化1-4

续图 6-10

6.1.3.3　变压器运行挡位调整

坝用电变压器为无载调压多分接干式变压器,额定电压为 10.5 kV/400 V,共设置 5 个挡位可以调节。为了选择合适的变压器挡位,根据监测到的电压变化情况进行了计算。在供电电源电压不做调整的情况下,400 V 系统电压为:

$$10.88(10.42)/10.5×400=414(397)(V)$$
$$10.33(10.18)/10.5×400=394(388)(V)$$

为了将 400 V 系统电压限制在合理范围内(低于 407 V),应调整对应坝用电变压器分接头挡位至 2 挡(对应电压 10.75 kV),400 V 系统电压可以调整为:

$$10.88(10.42)/10.75×400=405(388)(V)$$
$$10.33(10.18)/10.75×400=384(379)(V)$$

如果从保证电机和变频器运行安全角度考虑,应控制电源电压不高于 399 V,此时应将变压器挡位放 1 挡(11 kV),则电机供电电压为:

$$10.88(10.42)/11×400=396(379)(V)$$
$$10.33(10.18)/11×400=376(370)(V)$$

综上所述,由坝用电 9 段供电的变频器控制盘柜,变压器挡位应调至 1 挡,10 段供电的变频器控制盘柜不做调整。变压器挡位调整后供电电压偏高问题得到了有效控制。

6.1.4　水工配电系统备自投功能优化

6.1.4.1　优化方案

备用电源自动投入(简称备自投)装置是提高配电系统运行可靠性的重要自动装置。小浪底工程坝用电 10 kV 系统 9 段、10 段母线之间设有备自投,但备自投不具备自复功能。备自投自复功能是在主用电源失电备用电源投入后,在主用电源来电时实现自动检测判断,将主用电源投入,恢复到主备用电源同时供电方式。备自投自复功能有利于及时恢复坝用电系统 2 路电源供电的正常方式,可以提升系统运行可靠性。智慧小浪底建设要求提升设备系统自动化水平,智能电网建设则要求提升配电系统的自愈(自恢复)功能,备自投自复功能的实现对于提升坝用电配电系统智慧化程度具有重要意义。备自投自复功能的实现需要从硬件和软件两方面来改进。首先,应使备自投装置具备自复判断和执行功能;其次,应引入满足备自投自复判断需要的信息,完成备自投自复功能相关回路接入。

6.1.4.2　自复功能实现

1. 软件升级

备自投装置自复功能的实现需要完善备自投逻辑判断程序及软件。备自投逻辑判断程序及软件的完善通过提出功能需求,进行逻辑判断设置讨论,定制特殊版本软件装置实现。

2. 来电信号采集

备自投自复功能的实现需要判断电源进线电压,一般取自线路电压互感器。坝用电系统进线采用电力电缆供电,没有设计线路电压互感器。进线开关柜上设计有带电显示器,可以将其输出信号作为备自投判断进线是否来电的依据。但是带电显示器输出为开关量信号,不能满足备自投装置采用电源来电信号模拟量的要求。

将备用电源母线电压信号引入备自投装置作为进线来电电压信号,可以满足备自投装置对进线来电电压信号的要求。同时,需要在回路中接入进线柜带电显示器来电节点,这样就实现了进线来电时将电压信号引入备自投装置。同时,需要将进线柜来电显示器输出量由常闭节点改为常开节点,定制带常开节点输出的特殊带电显示装置。

3. 控制回路完善

增设备自投装置在进线来电时跳开联络开关,合进线开关的控制回路,重新敷设电缆,接入相关回路。

6.1.4.3　完成情况及效果

坝用电 10 kV 备自投功能提升增加了自复功能,现场改造实施工作于 2018 年 12 月 5 日完成,并于 2018 年 12 月 6 日进行了现场备自投自投自复功能试验,试验结果表明,改造后备自投自投自复功能正常。

水工配电系统设有 4 路电源,备自投仅限于主用电源之间,不利于提升系统的自动化水平和提高供电可靠性。下一步优化方案为增设 2 套备自投装置,分别实现 9 段和 10 段母线主用电源和备用电源之间的自动切换,同时保留 9 段母线和 10 段母线之间的备自投。同时,考虑备自投接引信号的需要,在母线进线柜中增设电压互感器。

6.1.5　水工配电系统保护优化

6.1.5.1　电源保护与备自投配合优化方案

现有的小浪底工程坝用电 10 kV 系统主用电源引自厂用电 1 段 1G11 和 13 段 13G07,配置了速断保护和过流保护,过流保护延时均为 1.2 s。坝用电主用电源进线柜 9G05 和 10G05 仅配置过电流保护,动作延时分别为 1.25 s 和 1.5 s;备自投正向动作延时整定为 2.5 s。经核查,现有坝用电 10 kV 备自投无保护动作闭锁信号,这样在电源保护动作后备自投还可以动作,有合闸到故障区域的可能。

《水力发电厂继电保护设计规范》(NB/T 35010—2013)中规定,近区及厂用线路保护的过电流保护时限不大于 0.5～0.7 s。《继电保护和安全自动装置技术规程》(GB/T 14285—2006)中 5.3.3.4 规定,当厂用母线速断保护动作、工作电源分支保护动作或工作

电源由手动或分散控制系统(DCS)跳闸时,应闭锁备用电源自动投入。根据以上标准规定,将坝用电保护定值优化如下:

(1)缩短过流保护延时定值。坝用电主用电源进线开关保护过流保护延时不符合《水力发电厂继电保护设计规范》(NB/T 35010—2013),按照设计规范将主用电源进线开关过流保护短延时定值修改为 0.7 s。

(2)缩短备自投动作时间。坝用电供电系统备自投正向动作延时整定为 2.5 s,动作时间较长,不利于闸门系统和供电设备的安全运行。按照《3 kV～110 kV 电网继电保护装置运行整定规程》(DL/T 584—2017),工作电源分支保护动作应闭锁自投,即不用考虑备自投与工作电源保护配合问题,只需考虑备自投与上级备自投动作时间配合,下级动作时间延时增加 0.5 s。设厂用电备自投动作时间整定为 0.5 s,则坝用电电源在上级备自投动作后来电最晚时间为 1.5 s,这样坝用电 10 kV 备自投动作时间应分别整定为 1.5 s(9G13)和 2.0 s(11G04)。

(3)手动分闸闭锁备自投。远方控制或现地控制手动断开电源进线开关时,应闭锁备自投,此时备自投装置不应再合联络开关。启用备自投装置中"合后位置接入"控制字,实现手动跳闸闭锁备自投自投功能。同时,将分段断路器手动合闸与保护合闸回路合并,避免备自投动作后闭锁。

(4)保护闭锁备自投。根据新版继电保护和安全自动装置技术规程,当互为备用的两段母线中的任意一段母线或工作电源分支发生故障而导致进线电源跳闸时,应将备自投闭锁,此时备自投装置不应再合联络开关。目前,坝用电 10 kV 系统无母线保护,仅配备了进线开关定时限过电流保护,将进线开关保护动作信号接入手动跳闸入口,实现电源进线开关保护动作闭锁备自投自投功能。

6.1.5.2　电源保护与备自投配合优化实施

1.9 段、10 段主进线保护连锁信号优化

电源保护与备自投配合优化现场接线见图 6-11,具体包括如下措施。

(1)将 9G05 保护动作信号引至手动跳闸回路,即将控制电源 1n402 引至 1n421,同时将保护动作出口信号 1n424 引至手动跳闸入口 1n411。

(2)将 10G05 保护动作信号引至手动跳闸回路,即将控制电源 1n402 引至 1n421,同时将保护动作出口信号 1n424 引至手动跳闸入口 1n411。

(3)投入 9G13 备自投装置"合后位置接入"控制字。

(4)短接端子 X:28(1n408)和 X:41(1n410),将 9G13 柜备自投保护合闸入口并入手动合闸入口。

2.修改进线保护及备自投动作时间

(1)将主进线主用电源进线开关 9G05 和 10G05 过流保护短延时定值修改为 0.7 s。

(2)修改备自投动作时间。分别修改 10 kV 备自投动作时间为 1.5 s(9G13)和 2.0 s(11G04)。

3.试验验证

(1)手动分进线断路器 9G05,确认备自投装置闭锁,分段断路器 9G13 不合闸。手动分进线断路器 10G05,确认备自投装置闭锁,分段断路器 9G13 不合闸。

图 6-11　坝用电保护优化现场接线图

（2）模拟进线断路器 9G05 保护动作信号，短接 1n421～1n424，进线断路器 9G05 分闸，分段断路器 9G13 不合闸。模拟进线断路器 10G05 保护动作信号，短接 1n421～1n424，进线断路器 10G05 分闸，分段断路器 9G13 不合闸。

（3）通过断开 9G13 柜内 1ZKK 空开模拟 9 段母线失压，备自投延时动作分电源 1 进线断路器 9G05，合分段断路器 9G13，备自投动作成功。延时 15 s 后，备自投方式 1 充电完成，此时电源 1 来电，则备自投分 9G13，合 9G05，实现自复。

（4）通过断开 9G13 柜内 2ZKK 空开模拟 10 段母线失压，备自投延时动作分电源 2 进线断路器 10G05，合分段断路器 9G13，备自投动作成功。延时 15 s 后，备自投方式 1 充电完成，此时电源 1 来电，则备自投分 9G13，合 10G05，实现自复。

6.1.5.3　实施效果

坝用电系统保护运行优化。坝用电保护运行优化主要包括对过电流保护及备自投装置动作延时的缩短。过流保护时间的缩短有利于快速切除保护区范围内的故障，最大程度地减小对保护范围内设备的损坏，减小对坝用电系统运行安全性的影响。备自投动作时间的缩短有利于工作电源的快速恢复，这有利于保证运行中门机的电机及变频器设备的运行，从而保证闸门系统运行安全。

保护与备自投配合优化。保护与备自投的配合优化主要是在保护动作时闭锁受影响的备自投装置，手动分闸后闭锁备自投装置。保护与备自投装置动作逻辑优化后，坝用电进线断路器保护动作后将闭锁备自投装置，避免备自投动作将备用电源合闸到故障区域，提升坝用电系统运行的安全性和可靠性。手动分闸后闭锁备自投功能将避免分段断路器此时动作，从而减少分段断路器动作次数，降低设备损耗和故障率。

坝用电保护运行优化内容已于 2019 年 12 月完成了实施，并进行了现场模拟试验，验证了手动分进线断路器和进线断路器保护动作后闭锁备自投功能，效果良好。

6.1.6　水工配电系统弹性提升

水工配电电力系统弹性是指其抗击小概率高损失极端事件的能力，包括预防性能力、实时性调度能力和恢复性能力。电力系统弹性提升措施包括规划阶段进行网络结构增强和合理配置应急电源等工程措施,运行阶段通过实时性调度改变系统电源和网络结构消纳极端事件冲击的能力,事后恢复阶段对电源和负荷的及时性恢复。开展新技术攻关,充分挖掘电力系统弹性资源,从物理层和信息层协同增强其弹性是研究的热点。

传统配电系统无内部电源,不利于应对电网大面积停电造成的极端事件。增设应急电源可以提升配电系统弹性。除柴油发电机外,分布式电源和储能设备成为配电系统应急电源的新选择。分布式电源占地面积较大,充分利用直流系统蓄电池的储能功能作为配电系统应急电源是提升配电系统资产利用率和弹性的有益尝试。下面结合小浪底水利枢纽实际探讨电池储能系统作为应急电源提升配电系统弹性的可行性。

6.1.6.1　水利枢纽配电系统弹性提升措施分析

水利枢纽配电系统主要负荷为闸门系统、排水系统、监测系统和照明系统。其中,闸门系统设备和排水系统设备非连续性工作,闸门启闭操作根据枢纽运行情况具有不确定性,排水系统根据渗漏水量按照水位控制运行。监测系统和照明系统需要连续运行。

1. 水利枢纽配电系统弹性分析

小浪底水利枢纽配电系统设置为 10 kV 和 400 V 系统两级供电。10 kV 配电系统采用单母线分段主接线,每段母线设置两路电源,两段母线之间设有分段断路器和备自投装置。400 V 系统按照泄洪系统水工金属结构布置情况分别设置流道事故闸门动力中心、工作闸门动力中心和控制楼配电中心。400 V 系统动力中心均采用双电源供电并设有备自投装置。

此水利枢纽配电系统采用的双路供电网络结构设计为配电系统高可靠性供电奠定了较好的基础。单一电源失电可以通过投入备用电源来实现连续供电,备自投装置的设置可以进一步提升配电系统的连续供电能力。配电系统 10 kV 系统备自投装置只能保证在两段母线主用电源投入时实现备用电源自动投入。在未配置计算机监控系统情况下,主用电全部失电情况下需要人员参与投入备用电源。

此水利枢纽配电系统未设置应急电源,在遭遇电网大面积停电极端情况下配电系统供电恢复能力不足。如果遇到枢纽高水位运用关键时期将会造成严重的安全风险。此水利枢纽配电系统弹性提升建设非常必要。

2. 水利枢纽配电系统应急电源设置

为水利枢纽配电系统设置应急电源,可以保证在遭遇电网大面积停电极端情况下恢复重要负荷供电,从而提升枢纽运行安全水平。应急电源设置一般选择柴油发电机。柴油发电机配置在 10 kV 系统可以提高枢纽配电系统应急供电的灵活性,实现对分散的闸门配电中心的灵活供电。由于水利枢纽水工配电系统 10 kV 系统配电中心无足够的增设柴油发电机空间,同时为了兼作枢纽电站厂用电系统应急电源,柴油发电机布置在枢纽开关站出线场。

利用柴油发电机为水工配电系统供电需要通过较长距离的高压电缆线路,存在供电电缆故障导致应急电源供电不可靠情况。为了提升水工配电系统应急供电保障水平,在重要的枢纽泄洪系统配电中心进水塔、排沙洞和溢洪道动力中心增设了应急电源接入柜,并购置了移动应急发电车,可以实现根据需要利用应急发电车为泄洪系统供电。

柴油发电机和应急发电车及配套应急电源接入柜的设置提升了枢纽水工配电系统外部供电可靠性,但并未提升水工配电系统抗击外部电源供电丢失的情况,依靠外部应急电源存在一定的无法保障风险。理想的情况是在枢纽水工配电系统内部设置应急电源。水工配电系统直流系统蓄电池可以作为应急电源为系统供电。水工配电系统分别在 10 kV 系统配电中心附近和进水塔设置了两套直流系统,直流系统蓄电池作为水工配电系统 10 kV 系统和 400 V 系统应急电源,可以提升水工配电系统弹性,提高其抵御外部系统电源丢失风险的能力。

6.1.6.2　电池储能系统

电池储能系统包括储能电池、变流器和控制器。电池应急电源系统在控制系统和消防系统已经有广泛应用,但一般限于较小容量和功率应用。用于水利枢纽配电系统为闸门提供动力电源,需要大功率、大容量的电池应急电源系统。随着储能技术的发展,使电池储能系统更广泛地参与电力系统功率调节成为可能,这为电池储能系统参与大功率应急电源建设提供了可行性。

1. 储能电池

储能电池是电池储能系统的关键部分。电化学储能系统中主流电池应用包括锂离子电池、液流电池、钠流电池和铅蓄电池。锂离子电池在新能源汽车动力电池和通信系统储能电池中得到了广泛应用,高比功率、高能量、低成本和长寿命是其主要特点。液流电池具有低成本、高能量效率、安全、循环寿命长和功率密度高等特点,技术成熟,可应用于大中型储能场景。钠流电池具有能量密度高、充放电能效高、循环寿命长的特点,但安全性有待提高。铅蓄电池具有明显的成本低和技术成熟度高的特点,已经在新能源接入和电力系统中开始应用。储能系统电池的典型要求包括高安全、低成本、长寿命和环境友好。

电池容量是决定电池储能系统应用场景的关键,主要由制造水平决定。当前在综合功率器件容量限制、电池系统技术限制和储能系统安全性设计要求的限制条件下,链式电池储能系统最大容量设计为 32 MW。投入实际工程应用的辅助火电机组 300 MW 火电机组调频运行的锂离子电池储能系统容量达到了 9 MW/4.5(MW·h)。在已投运的电池储能系统中,锂离子电池占比达到 90%左右,新增电池储能系统中 99%以上是锂离子电池。经济分析表明,大工业用户侧电池储能系统配置中,按照目前电价情况测算,铅炭电池经济性最好,其次是铁锂电池、钠流电池和液流电池。电动机在直接启动情况下,电源容量应设为同时工作电机容量的 5 倍以上;电动机变频启动情况下,电源容量应设为同时工作的电机总容量的 1.1 倍。

2. 变流器

储能系统变流器连接电池储能系统与电力系统,承担着控制电池与电力系统能量交换的任务。基于电力电子技术的变流器可以实现四象限灵活调节控制,是储能系统参与不同应用场景的关键设备。电池储能系统参与电网调频在响应速度和控制策略方面优于火电机组、燃气机组和水电机组。

变流器控制包括外环电压控制和内环电流控制。外环控制根据变流器运行状态和外部功率控制指令生成内环电流控制的 d 轴 q 轴电流参考值,内环控制根据并网点交流电压快速生成电流指令对调制波进行调节控制。常见的功率控制模式包括定电压控制模式、定有功功率控制模式和电压下垂控制模式。定电压控制模式通过调节变流器两侧功率来维持并网点电压恒定,定有功功率控制模式通过改变并网点电压来维持变流器两侧交换功率恒定,电压下垂控制模式按照设定的下垂系数对变流器并网点电压和交换功率进行控制。变流器下垂电压控制满足如下关系式:

$$(P_1 - P_2) + \beta(U_1 - U_2) = 0 \tag{6-1}$$

式中:P_1 和 P_2 分别为有功功率设定值和有功功率实测值;U_1 和 U_2 分别为电压设定值和电压实测值;β 为下垂系数。

3. 控制器

控制器主要完成对储能电池组电池的充放电控制及电池之间的综合协调控制。为了延长电池寿命,电池充放电控制需要结合其荷电状态(SOC)进行优化控制。储能系统控制器完成对电池及电池组的充放电状态及 SOC 的监测和控制。典型的储能系统控制器包括模组级电池管理单元、簇级电池控制单元、系统级控制单元和子阵级智能控制单元。模组级电池管理单元完成对单个电池模组的状态采集监视和控制,负责电池的被动均衡管理和故障退出;簇级电池控制单元完成对电池簇电压电流的监视控制,包括对电池间的均衡 SOC 控制;系统级控制单元完成对采集的簇级数据的计算分析和处理,包括簇间管理和环境管理;子阵级智能控制单元完成对电池系统三级保护之间的协调控制及与变流器保护的动作时序和逻辑控制。

6.1.6.3 电池储能系统应急电源选择

结合小浪底水利枢纽水工配电系统工程实例对电池储能系统作为应急电源的可行性进行探讨。

1. 电池储能系统容量确定

小浪底水利枢纽泄洪系统设有明流洞、孔板洞和排沙洞,每条泄洪洞均设有 1 套事故闸门和 1 套工作闸门。事故闸门采用卷扬机启闭系统,工作闸门采用液压控制系统。闸门控制系统采用了变频器控制。水利枢纽水工配电系统承担为闸门系统供电的功能,闸门系统是水利枢纽配电系统中重要的大功率负荷。水利枢纽水工配电系统应急电源容量设置应能保证闸门系统中功率最大的一套门正常启闭。水利枢纽各闸门启闭系统电机额定功率如表 6-6 所示,其中最大功率负荷为孔板洞事故闸门启闭系统。

表 6-6 小浪底水利枢纽闸门启闭系统负荷

泄洪孔洞闸门	电机额定功率/kW	泄洪孔洞闸门	电机额定功率/kW
明流洞事故门	264	孔板洞工作门	300
明流洞工作门	180	排沙洞事故门	264
孔板洞事故门	528	排沙洞工作门	264

在枢纽闸门启闭系统中,孔板洞事故门需要同时启用 4 台额定功率为 132 kW 的电机,最大功率为 528 kW。孔板洞事故门启动过程中监测到的单个变频器最大输出功率为 43.16 kW(见附录),闸门提升时间为 30 min,闸门提升过程中对功率变化要求为分钟级,电力电子变流器功率变化可以达到毫秒级,满足闸门提升功率控制要求。

按孔板洞事故门启闭试验数据配置应急电源容量应为

$$C = 1.1 \times 43.16 \times 4 \times 0.5 = 94.95 (\text{kW} \cdot \text{h}) \tag{6-2}$$

按照孔板洞电机额定容量配置应急电源容量为

$$C = 1.1 \times 528 \times 0.5 = 290.4 (\text{kW} \cdot \text{h}) \tag{6-3}$$

目前储能工程经验数据表明,锂电池储能项目单位电量成本为 2 000 元/(kW·h),充放电效率为 0.93,荷电状态下限为 0.2,上限为 1,项目周期为 8 年,年运维成本为 25 元/(kW·h),功率容量比为 0.5。

电池储能系统投资容量需要选择:

$$C = 290.4 \div (1 - 0.2) = 363 (\text{kW} \cdot \text{h}) \tag{6-4}$$

2. 电池储能系统容量选择

根据负荷计算确定电池容量后,结合电池储能系统市场供应情况进行选择。对于已经投运的水利枢纽水工配电系统,现场设备布置已经确定,供选择的设备布置空间有限,储能系统占地面积是重要考虑因素。

结合厂商生产型号,可以选择 500 kW·h/200 kW 电池储能系统。目前,商用的锂电池集装箱系统参数见表 6-7。综合考虑功率容量和占地面积,可以选择 SDL10-250/600 型电池储能系统,其额定容量为 600 kW·h,额定功率为 250 kW,占地面积约 8 m²。

表 6-7　商用电池储能系统参数比较

储能系统	额定容量/功率/ (kW·h/kW)	尺寸参数/mm	重量/t	循环次数
SDC-ESS-S691V552	552/500	7 520×2 438×2 591	15	≥5 000
SDL10-250/600	600/250	2 991×2 438×2 896	8	
SDC-ESS-S691V386	386/150	2 991×2 438×2 896	8	≥5 000

3. 电池储能系统布置

电池储能集装箱防火间距要求离办公用房最小距离为 10 m。水利枢纽 10 kV 配电系统位于控制中心附近,不适合布置电池储能集装箱。在枢纽泄洪系统事故闸门集中的配电中心区域选择电池储能系统布置地点。此区域原先布置有直流系统,主要为事故闸门备用电源,直流系统负荷为 200 Ah。此直流系统配电室面积约 40 m²,可以考虑将直流系统升级为电池储能系统,为直流系统供电兼作水工配电系统应急电源。

6.1.6.4　结论

本书从配电系统弹性提升技术角度对电池储能系统作为水利枢纽配电系统应急电源的可行性进行了探讨。电池储能系统作为配电系统应急电源可以充分挖掘配电系统中直流系统蓄电池组功能,为充分利用现有资源提升配电系统弹性提供了具体可行的技术方案。结合水利枢纽水工配电系统实例从供电功率、响应速度和占地面积方面探讨了电池储能系统作为闸门系统应急电源的技术可行性。电池储能系统作为配电系统应急电源应用应兼顾为直流系统供电,综合利用电池储能系统为交流系统供电及其与光伏等电源结合提升其利用率是下一步研究的方向。

6.2 水利枢纽配电系统保护定值校核

6.2.1 背景

坝用电系统保护定值为 20 多年前系统投运时整定定值,运行以来,坝用电系统所接电力系统容量和结构发生了变化,坝用电系统所接负荷也发生了变化。从近期坝用电系统保护动作情况看,上下级电源开关保护之间配合存在优化空间,容易出现越级跳闸导致停电范围扩大的情况,增加了坝用电系统运行风险,应该从技术角度进行分析,采取相应的防范措施。

6.2.1.1 坝用电系统 10 kV 系统保护动作案例分析

2020 年 5 月 6 日,坝用电系统 10 kV 负荷开关柜 9G07 发生接地短路后,9G07 保护动作,同时坝用电系统 9 段上级电源开关厂用电 119G 保护动作跳闸。此次短路故障点位于 9G07 开关出线侧,短路故障电流超过了保护设定值,此时 9G07 应该立即动作,但 119G 保护不应动作,因为此次短路点已经超出了 119G 速断保护范围。线路电流速断保护范围不应超出本线路,即保护范围以另一侧母线为界限。实际情况是 9G07 保护 17 ms 后动作,开关分闸(开关动作时间 55 ms);但是 119G 速断保护也动作了,保护动作时间 37 ms,开关动作时间 70 ms。这样本可以靠 9G07 保护动作消除故障的情况变成了 119G 保护同时动作,坝用电系统 9 段停电,扩大了停电范围。

根据保护整定配合原则,上下级保护配合通过定值和时间来实现,即可以通过设定不同的定值实现保护的配合,也可以通过设定保护延时来实现上下级保护的配合。目前,坝用电电源回路元件 119G 和 9G07 保护构成了上下级保护关系,而实践证明,这两级保护配合设置不合理,造成了保护越级跳闸。目前保护定值设置情况是,119G 开关保护速断保护定值为 819 A,动作时间为 0 s;9G07 开关保护速断保护定值为 1 118 A,动作时间为 0 s。电力系统故障发生后,一般应该是越靠近电源侧故障电流越大,实际测量到的故障电流也符合此规律,119G 保护处测量故障电流为 1 960 A,9G07 保护处测量故障电流为 1717.16 A。因此,应该通过适当调高 119G 保护定值不增加延时,或者维持目前定值增加适当延时,来避免出现保护越级跳闸情况。

类似情况的保护定值可以作为验证资料。坝用电系统 9 段和 10 段分别向消力塘泵房供电,同为 10 kV 系统,9 段、10 段负荷开关(消力塘电源开关)速断保护定值(836 A)要比消力塘泵房进线开关定值(760 A)高。同理,厂用电 13 段至坝用电保护开关速断保护定值(3 084 A)也要比 10 段负荷开关速断保护定值最高值(1 112 A)高。

6.2.1.2 坝用电系统 400 V 系统保护动作案例分析

2021 年 11 月 8 日,坝用电高压室 9 段至孔板洞动力中心开关 9G11 保护动作,动作信息如下:22:44:31:432 保护启动,2 175 ms 后过流 Ⅱ 段保护动作,A 相动作电流为 1.903 A,C 相动作电流为 1.938 A。实际检查为孔板洞动力中心负荷 1 号孔板洞工作门电缆故障,孔板洞动力中心至 1 号孔板洞工作门负荷开关 10B4、孔板洞动力中心 10B 进线开关 10B8 和坝顶高压室至孔板洞动力中心开关 9G11 跳闸。

根据保护动作信息,10 kV 系统开关保护监测电流达到了过流保护设定值,且约

2. 175 s 后保护动作。监测到的故障电流为

$$1.938 \times 200/5 = 77.52(A)$$
$$1.903 \times 200/5 = 76.12(A)$$

折算到低压侧 400 V 系统故障电流为

$$76.12 \times 10.5/0.4 = 1\,998.15(A)$$

从以上计算看,故障电流达到了 400 V 系统负荷开关 10B4 的过流Ⅱ段动作值,开关跳闸,只是开关动作时间较长。10B4 开关过流保护Ⅱ段设置为反时限电流保护,对应的开关动作曲线为 1 872 A 时,动作时间为 10 s。由于没有开关保护动作曲线,无法确定保护动作准确时间。10B4 开关过流保护Ⅲ段定值为 312 A,保护也应启动动作,但电流保护Ⅲ段动作时间无法确定。

表 6-8 孔板洞动力中心电源开关保护定值

开关编号	速断保护	过流保护
9G11	16.65 A	1.30 A/0.5 s
1 号进线 10B8	10.6 kA/4.26 kA-0.3 s	1 170 A
10B8 实际整定值	9.36 kA/3.51 kA-0.3 s	1 170 A
1 号孔板洞工作门 10B4	3.41 kA	312 A
10B4 实际整定值	2.65 kA/1.872 kA-10 s	312 A

故障电流超过了进线开关过流保护定值 1 170 A,未达到短延时 3.51 kA-0.3 s 和速断过流保护定值 9.36 kA,进线开关跳闸应为长延时过流保护。进线开关长延时保护动作时间在设计设定定值中未明确,也无法从开关保护动作曲线中获知。从最终动作结果看,400 V 系统开关保护动作时间太长。

故障电流达到了 1.9 A,超过了变压器高压侧开关 9G11 过流保护定值 1.3 A,保护启动,并在 2.175 s 后动作跳开了断路器。需要注意的是,9G11 过流保护设定动作时间为 0.5 s。可以推测,这次故障是个缓慢发展的过程,导致故障电流从保护启动值 0.95 倍设定值逐渐增大到保护动作值 1.05 倍设定值,折算到 400 V 系统故障电流增大大约 273 A,经历了 2.175 s。

针对这些问题,对枢纽管理区配电系统 10 kV 及以上系统保护定值进行了校核。水工配电系统是枢纽管理区配电系统的重要组成部分,上级电源取自厂用电 10 kV 一段和三段,备用电源取自东河清变电站。本次保护校核只考虑主用电源正常运行方式,即坝用电两段分别作为厂用电负荷的情况。

6.2.2 系统短路电流计算

6.2.2.1 相关设备参数标幺值计算

坝用电系统为 10 kV 系统和 0.4 kV 系统,标幺值计算采用基准功率 S_j 为 100 MVA,基准电压 U_j 为 10.5 kV,基准电流 I_j 为 5.498 7 kA,基准阻抗 $Z_j = U_j \div I_j = 1.102\,5\ \Omega$。6~10 kV 三芯电力电缆阻抗为 0.221 379/km。变压器额定容量单位应换算成 MVA。

1. 系统阻抗

(1)220 kV 系统:最大运行方式(Ω) 最小运行方式(Ω)

小浪底(正序)　　　　　0.006 32　　　　　　　　0.013 06

西霞院(正序)　　　　　0.009 64　　　　　　　　0.010 03

(2)110 kV 系统：最大运行方式(Ω)　　最小运行方式(Ω)

母线 (正序)　　　　　0.131 19　　　　　　　　0.182 94

(3)35 kV 系统：最大运行方式(Ω)　　最小运行方式(Ω)

南母(正序)　　　　　0.828 692　　　　　　　　0.880 456

2. 西霞院经蓼坞 35 kV 南母至坝顶 10 kV 9 段母线阻抗值

坝用电系统 9 段母线阻抗计算网络如图 6-12 所示。

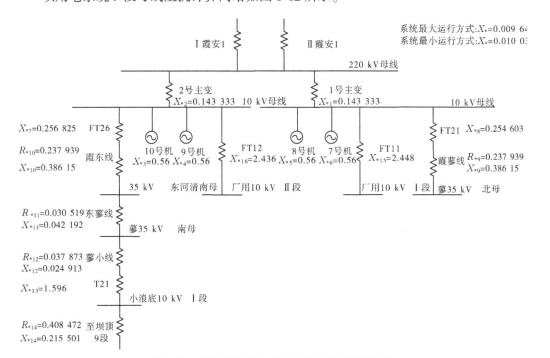

图 6-12　坝用电系统 9 段母线短路电流计算阻抗

1)最大运行方式

阻抗值：$Z_* = 0.268\,458 + j0.784\,003 + R_{*12} + R_{*14} + j(X_{*12} + X_{*13} + X_{*14})$

　　　　$= 0.268\,458 + j0.784\,003 + 0.037\,873 + 0.408\,472 + j(0.024\,913 +$

　　　　$1.596 + 0.215\,501)$

　　　　$= 0.714\,803 + j2.620\,417$

最大运行方式阻抗标幺值：$Z_* = \sqrt{(0.714\,803^2 + 2.620\,417^2)} = 2.716\,161$

最大运行方式阻抗有名值：

$R = (0.714\,803 \times 10.5 \times 10.5)/100 = 0.788\,070(\Omega)$

$X = (2.620\,417 \times 10.5 \times 10.5)/100 = 2.889\,010(\Omega)$

$Z = (2.716\,161 \times 10.5 \times 10.5)/100 = 2.994\,568(\Omega)$

2)最小运行方式

阻抗值：$Z_* = 0.268\,458 + j0.838\,53 + R_{*12} + R_{*14} + j(X_{*12} + X_{*14} + X_{*13})$

$$= 0.268\ 458 + j0.838\ 53 + 0.037\ 873 + 0.408\ 472 +$$
$$j(0.024\ 913 + 0.215\ 501 + 1.596)$$
$$= 0.714\ 803 + j2.674\ 944$$

最小运行方式阻抗标幺值：$Z_* = \sqrt{(0.714\ 803^2 + 2.674\ 944^2)} = 2.768\ 803$

最小运行方式阻抗有名值：

$R = (0.714\ 803 \times 10.5 \times 10.5)/100 = 0.788\ 070(\Omega)$

$X = (2.674\ 944 \times 10.5 \times 10.5)/100 = 2.949\ 126(\Omega)$

$Z = (2.768\ 803 \times 10.5 \times 10.5)/100 = 3.052\ 605(\Omega)$

3. 小浪底 220 kV 母线至坝顶 10 kV 10 段进线路阻抗值

坝用电系统 10 段母线阻抗计算网络如图 6-13 所示。

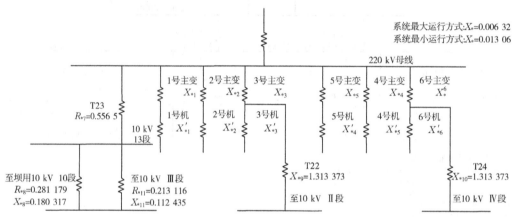

$X_{*1} = X_{*2} = X_{*3} = X_{*4} = X_{*5} = X_{*6} = 0.063\ 726$

$X'_{*1} = X'_{*2} = X'_{*3} = X'_{*4} = X'_{*5} = X'_{*6} = 0.037\ 5$

图 6-13 坝用电系统 10 段母线短路电流计算阻抗

最大运行方式：六台机组运行；

最小运行方式：六台机组停运。

1）最大运行方式

$X_{*1} = X_{*2} = X_{*3} = X_{*4} = X_{*5} = X_{*6} = 0.063\ 726$

$X'_{*1} = X'_{*2} = X'_{*3} = X'_{*4} = X'_{*5} = X'_{*6} = 0.037\ 5$

$(X_{*1} + X'_{*1})//(X_{*2} + X'_{*2})//(X_{*3} + X'_{*3})//(X_{*4} + X'_{*4})//(X_{*5} + X'_{*5})//(X_{*6} + X'_{*6})$

$= (0.063\ 726 + 0.037\ 5)/6 = 0.101\ 226/6$

$= 0.016\ 871//0.006\ 32 = (0.016\ 871 \times 0.006\ 32)/(0.016\ 871 + 0.006\ 32)$

$= 0.000\ 106\ 625/0.023\ 191 = 0.004\ 598$

阻抗值：$Z_* = R_{*8} + j(0.004\ 598 + X_{*7} + X_{*8})$

$= 0.281\ 179 + j(0.004\ 598 + 0.556\ 5 + 0.180\ 317)$

$= 0.281\ 179 + j0.741\ 415$

最大运行方式阻抗标幺值：$Z_* = \sqrt{(0.281\ 179 + 0.741\ 415)} = 0.792\ 943$

最大运行方式阻抗有名值：

$R = (0.281\ 179 \times 10.5 \times 10.5)/100 = 0.310\ 000(\Omega)$

$X = (0.741\ 415 \times 10.5 \times 10.5)/100 = 0.817\ 410(\Omega)$

$Z = (0.792\ 943 \times 10.5 \times 10.5)/100 = 0.874\ 219(\Omega)$

2）最小运行方式

阻抗值：$Z_* = R_{*8} + j(0.013\ 06 + X_{*7} + X_{*8})$

$\qquad = 0.281\ 179 + j(0.013\ 06 + 0.556\ 5 + 0.180\ 317)$

$\qquad = 0.281\ 179 + j0.749\ 877$

最小运行方式阻抗标幺值：$Z_* = \sqrt{(0.281\ 179 + 0.749\ 877)} = 0.800\ 860$

最小运行方式阻抗有名值：

$R = (0.281\ 179 \times 10.5 \times 10.5)/100 = 0.310\ 000(\Omega)$

$X = (0.749\ 877 \times 10.5 \times 10.5)/100 = 0.826\ 739(\Omega)$

$Z = (0.800\ 860 \times 10.5 \times 10.5)/100 = 0.882\ 948(\Omega)$

以上计算参数由检修部提供。

3）坝用 9 段至消力塘电缆

$Z_1 = 1.842 \times 0.221\ 379 \times 100/(10.5 \times 10.5) = 0.369\ 9$

4）坝用电消力塘变 T13

$X_{T13} = 4.37 \div 100 \times 100 \div 0.400 = 10.925$

5）坝用 10 段至消力塘电缆

$Z_2 = 1.371 \times 0.221\ 379 \times 100/(10.5 \times 10.5) = 0.275\ 3$

6）坝用电消力塘变 T14

$X_{T14} = 4.38 \div 100 \times 100 \div 0.400 = 10.95$

6.2.2.2　坝用电主用电源短路电流计算

1. 高压室 9G 母线

正常运行方式，9 段母线电源取自厂用电Ⅰ段，上级电源取自蓼坞变 35 kV 南母，蓼坞变通过东蓼线引自东河清变电站，东河清变电站通过霞东线引自西霞院 FT26 变压器，电源经霞院变 2 号主变取自霞院变 220 kV 母线，详见图 6-14。坝用电 10 kV 系统电源阻抗在此运行方式下计算结果为最大运行方式下 2.716 16，最小运行方式下 2.768 803。

最大运行方式下 9 段母线三相短路电流：

$$I^{(3)}_{d9max} = 5.5/2.716\ 16 = 2.024\ 92(kA)$$

最小运行方式下 9 段母线三相短路电流：

$$I^{(3)}_{d9min} = 5.5/2.768\ 803 = 1.986\ 42(kA)$$

2. 高压室 10G 母线

正常运行方式，10G 母线电源取自厂用电 13 段，上级电源取自黄河变 220 kV 母线，详见图 6-14。坝用电 10 kV 系统电源阻抗在此运行方式下计算结果为最大运行方式下 0.792 943，最小运行方式下 0.800 860。

最大运行方式下 10 段母线三相短路电流：

$$I^{(3)}_{d10max} = 5.5/0.792\ 943 = 6.936\ 2(kA)$$

最小运行方式下 10 段母线三相短路电流：

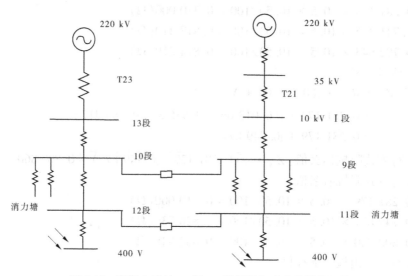

图 6-14　坝用电系统 11 段、12 段母线短路电流计算阻抗

$$I_{d10min}^{(3)} = 5.5/0.800\ 860 = 6.867\ 6(kA)$$

3. 消力塘 11G 母线三相短路电流

坝用电系统 11 段母线短路电流计算阻抗见图 6-14。

1）坝顶 9 段至消力塘 11 段电力电缆计算阻抗

$$Z_1 = 1.842 \times 0.221\ 379 \times 100/(10.5 \times 10.5) = 0.369\ 9$$

2）消力塘变压器计算阻抗

$$x_{T13} = \frac{U_k\%}{100} \times \frac{S_B}{S_n} = 0.043\ 7 \times \frac{100}{0.4} = 10.925$$

最大运行方式 11G 母线三相短路电流：

$$I_{d11max}^{(3)} = 5.5/(Z_s + Z_1) = 5.5/3.086\ 06 = 1.782\ 2(kA)$$

最小运行方式 11G 母线三相短路电流：

$$I_{d11min}^{(3)} = 5.5/(Z_s + Z_1) = 5.5/3.138\ 7 = 1.752\ 3(kA)$$

4. 消力塘 12G 母线三相短路电流

坝用电系统 12 段母线短路电流计算阻抗见图 6-14。

1）坝顶 10 段至消力塘 12 段电力电缆计算阻抗

$$Z_2 = 1.371 \times 0.221\ 379 \times 100/(10.5 \times 10.5) = 0.275\ 3$$

2）消力塘变压器计算阻抗：

$$x_{T14} = \frac{U_k\%}{100} \times \frac{S_B}{S_n} = 0.043\ 8 \times \frac{100}{0.4} = 10.95$$

最大运行方式 12G 母线三相短路电流：

$$I_{d12max}^{(3)} = 5.5/(Z_s + Z_2) = 5.5/1.068\ 2 = 5.148\ 8(kA)$$

最小运行方式 12G 母线三相短路电流：

$$I_{d12min}^{(3)} = 5.5/(Z_s + Z_2) = 5.5/1.076\ 16 = 5.110\ 8(kA)$$

6.2.3 坝用电 10 kV 系统保护整定计算

6.2.3.1 消力塘电源开关 9G06

10 kV 高压室开关柜至消力塘泵房高压开关柜之间为电力电缆连接,且电缆两端均设有断路器,电缆全长 1.842 km,按高压馈线整定。

1.电流速断保护

(1)按被保护线路末端三相短路整定。

最大运行方式:

$$I_{\mathrm{d11max}}^{(3)} = 5.5/(Z_{\mathrm{s}} + Z_1) = 5.5/3.086\ 06 = 1.782\ 2(\mathrm{kA})$$

最小运行方式:

$$I_{\mathrm{d11min}}^{(3)} = 5.5/(Z_{\mathrm{s}} + Z_1) = 5.5/3.138\ 7 = 1.752\ 3(\mathrm{kA})$$

$$I_{\mathrm{zd1}} = 1.3 \times I_{\mathrm{d11max}}^{(3)} = 2.316\ 86(\mathrm{kA})$$

(2)灵敏度校验。

按最小运行方式下保护线路始端二相短路校验。

$$I_{\mathrm{d9min}}^{(2)} = 0.866 \times 5.5/Z_{\mathrm{s}} = 0.866 \times 1.986\ 42 = 1.720\ 2$$

$$K_{\mathrm{lm}} = I_{\mathrm{d9min}}^{(2)}/I_{\mathrm{zd1}} = 0.74 < 1.5$$

消力塘 10 kV 母线设有备自投,考虑到负荷重要性不高,应投入速断保护,按保护安装处有灵敏度整定。

$$I_{\mathrm{zd1}} = I_{\mathrm{d9min}}^{(2)} \div 1.5 = 1.720\ 2 \div 1.5 = 1.146\ 8(\mathrm{kA})$$

CT 变比:200/5;二次整定值为 28.67A。

2.过电流保护

1)电流定值

按躲过消力塘变压器高压侧额定电流下可靠返回整定。

$$I_{\mathrm{dz2}} = K_{\mathrm{rel}}K_{\mathrm{jx}}\frac{K_{\mathrm{gh}}I_{\mathrm{e}}}{K_{\mathrm{h}}} = 1.2 \times 1 \times \frac{3 \times 22}{0.95} = 83.37(\mathrm{A})$$

式中:K_{rel} 为可靠系数,取 1.2;K_{jx} 为接线系数,取 1;K_{gh} 为过负荷系数,此处取 3;K_{h} 为返回系数,取 0.95。

CT 变比:200/5;二次整定值为 2.08 A。

2)动作时间

与下级负荷进线开关过流保护时间取一致,$t = 0.75$ s。

3)灵敏度校验

按最小运行方式下保护线路末端发生二相短路校验。

$$K_{\mathrm{lm}} = I_{\mathrm{d11min}}^{(2)}/I_{\mathrm{zd2}} = 0.866 \times 1.752\ 3/0.083\ 37 = 18.20 > 1.3$$

6.2.3.2 进水塔 1 号动力中心 9G07

进水塔 1 号动力中心变压器与 9G07 通过电缆连接,电缆长度为 452 m,9G07 保护设置按低压变压器保护设置计算。

1. 回路参数计算

1）电缆计算阻抗

$$Z_{3*} = 0.452 \times 0.221\,379 \times 100/(10.5 \times 10.5) = 0.090\,8$$

2）进水塔 1 号动力中心变压器计算阻抗

$$x_{T1} = \frac{U_k\%}{100} \times \frac{S_B}{S_n} = 0.063\,3 \times \frac{100}{1} = 6.33$$

2. 电流速断保护

1）按变压器低压侧出口短路整定

$$I_{zd1} = 1.3 I_{d7max}^{(3)} = 1.3 \times 5.5/\,(2.716\,16 + 0.090\,8 + 6.33) = 0.782\,5(\text{kA})$$

2）按躲过变压器可能出现的励磁涌流整定

$$I_{zd1} = 10 \times 55 = 550(\text{A})$$

6 300 kVA 以下变压器系数取 7~12，系统阻抗越大，取值越小，取中间值。

取两种情况下的最大值，I_{zd1} 应为 0.782 5 kA。

CT 变比：200/5，二次整定值为 19.54 A。

3）灵敏度校验

按最小运行方式下变压器高压侧出口两相短路校验：

$$I_{d7min}^{(2)} = 0.866 \times 5.5/\,(2.768\,803 + 0.090\,8) = 1.665\,6(\text{kA})$$

$$K_{lm} = I_{d7min}^{(2)}/I_{zd1} = 3.03 > 1.5$$

3. 过电流保护

1）电流定值

按躲过变压器高压侧额定电流下可靠返回整定。

$$I_{zd2} = K_{rel}K_{jx}\frac{K_{gh}I_e}{K_h} = 1.2 \times 1 \times \frac{1.5 \times 55}{0.95} = 104.21(\text{A})$$

式中：K_{rel} 为可靠系数，取 1.2；K_{jx} 为接线系数，取 1；K_{gh} 为过负荷系数，此处取 1.5；K_h 为返回系数，取 0.95。

CT 变比：200/5，二次整定值为 2.61 A。

2）动作时间

$$t = 0.5\ \text{s}$$

3）灵敏度校验

按最小运行方式下变压器低压侧二相短路校验。

$$K_{lm} = I_{dmin}^{(2)}/I_{zd2} = 0.866 \times I_{dmin}^{(3)}/I_{zd2} = 0.866 \times 0.597\,9/0.104\,21 = 4.96 > 1.3$$

6.2.3.3　进水塔 3 号动力中心 9G08

1. 回路参数计算

1）电缆计算阻抗

$$Z_{3*} = 0.293 \times 0.221\,379 \times 100/(10.5 \times 10.5) = 0.058\,834$$

2）进水塔 3 号动力中心变压器计算阻抗

$$x_{T1} = \frac{U_k\%}{100} \times \frac{S_B}{S_n} = 0.062\,5 \times \frac{100}{1} = 6.25$$

2. 电流速断保护

1) 按变压器低压侧出口短路整定

$I_{zd1} = 1.3 I_{d8max}^{(3)} = 1.3 \times 5.5/(2.716\,16 + 0.058\,834 + 6.25) = 0.792\,2(kA)$

2) 按躲过变压器可能出现的励磁涌流整定

$$I_{zd1} = 10 \times 55 = 550(A)$$

6 300 kVA 以下变压器系数取 7~12,系统阻抗越大,取值越小,取中间值。

取两种情况下的最大值,应为 $I_{zd1} = 0.792\,2$ kA。

CT 变比:200/5,二次整定值为 19.81 A。

3) 灵敏度校验

按最小运行方式下变压器高压侧出口二相短路校验。

$$I_{d8min}^{(2)} = 0.866 \times 5.5/(2.768\,803 + 0.058\,834) = 1.684\,4(kA)$$

$$K_{lm} = I_{d8min}^{(2)}/I_{zd1} = 3.06 > 1.5$$

3. 过电流保护

1) 电流定值

按躲过变压器高压侧额定电流下可靠返回整定。

$$I_{zd2} = K_{rel} K_{jx} \frac{K_{gh} I_e}{K_h} = 1.2 \times 1 \times \frac{1.5 \times 55}{0.95} = 104.21(A)$$

式中:K_{rel} 为可靠系数,取 1.2;K_{jx} 为接线系数,取 1;K_{gh} 为过负荷系数,此处取 1.5;K_h 为回系数,取 0.95。

CT 变比:200/5,二次整定值为 2.61 A。

2) 动作时间

$$t = 0.5 \text{ s}$$

3) 灵敏度校验

按最小运行方式下变压器低压侧二相短路校验。

$$K_{lm} = I_{d8min}^{(2)}/I_{zd2} = 0.866 \times 0.605\,9/0.104\,21 = 5.04 > 1.3$$

6.2.3.4　排沙洞 1 号动力中心 9G10

1. 回路参数计算

1) 电缆计算阻抗

$Z_{3*} = 1.1 \times 0.221\,379 \times 100/(10.5 \times 10.5) = 0.220\,9$

2) 进水塔 3 号动力中心变压器计算阻抗

$$x_{T4} = \frac{U_k\%}{100} \times \frac{S_B}{S_n} = 0.043\,9 \times \frac{100}{0.4} = 10.975$$

2. 电流速断保护

1) 按变压器低压侧出口短路整定

$I_{zd1} = 1.3 I_{d10max}^{(3)} = 1.3 \times 5.5/(2.716\,16 + 0.220\,9 + 10.975) = 0.513\,9(kA)$

2) 按躲过变压器可能出现的励磁涌流整定

6 300 kVA 以下变压器系数取 7~12,系统阻抗越大,取值越小,取中间值。

$$I_{zd1} = 10 \times 22 = 220(A)$$

取两种情况下的最大值,应为 $I_{zd1} = 0.513\ 9$ kA。

CT 变比:200/5,二次整定值为 12.85 A。

3)灵敏度校验

按最小运行方式下变压器高压侧出口二相短路校验:

$$I_{d7min}^{(2)} = 0.866 \times 5.5/(2.768\ 803 + 0.220\ 9) = 1.593\ 1(kA)$$

$$K_{lm} = I_{d7min}^{(2)}/I_{zd1} = 3.10 > 1.5$$

3. 过电流保护

1)电流定值

按躲过变压器高压侧额定电流下可靠返回整定。

$$I_{dz2} = K_{rel}K_{jx}\frac{K_{gh}I_e}{K_h} = 1.2 \times 1 \times \frac{1.5 \times 22}{0.95} = 41.68(A)$$

式中:K_{rel} 为可靠系数,取 1.2;K_{jx} 为接线系数,取 1;K_{gh} 为过负荷系数,此处取 1.5;K_h 为返回系数,取 0.95。

CT 变比:200/5,二次整定值为 1.04 A。

2)动作时间

$$t = 0.5\ s$$

3)灵敏度校验

按最小运行方式下变压器低压侧二相短路校验。

$$K_{lm} = I_{d10min}^{(2)}/I_{zd2} = 0.866 \times 0.393\ 9/0.041\ 68 = 8.18 > 1.3$$

6.2.3.5 孔板洞动力中心 1 号变压器 9G11

1. 回路参数计算

1)电缆计算阻抗

$$Z_{3*} = 0.486 \times 0.221\ 379 \times 100/(10.5 \times 10.5) = 0.097\ 6$$

2)孔板洞动力中心 1 号变压器计算阻抗

$$x_{T4} = \frac{U_k\%}{100} \times \frac{S_B}{S_n} = 0.039\ 7 \times \frac{100}{0.5} = 7.94$$

2. 电流速断保护

1)按变压器低压侧出口短路整定

$$I_{zd1} = 1.3I_{dmax}^{(3)} = 1.3 \times 5.5/(2.716\ 16 + 0.097\ 6 + 7.94) = 0.664\ 9(kA)$$

2)按躲过变压器可能出现的励磁涌流整定

6 300 kVA 以下变压器系数取 7~12,系统阻抗越大,取值越小,取中间值。

$$I_{zd1} = 10 \times 27.5 = 275(A)$$

取两种情况下的最大值,应为 $I_{zd1} = 0.664\ 9$ kA。

CT 变比:200/5,二次整定值为 16.65 A。

3)灵敏度校验

按最小运行方式下变压器高压侧出口二相短路校验:

$$I_{d11min}^{(2)} = 0.866 \times 5.5/(2.768\ 803 + 0.097\ 6) = 1.661\ 7(kA)$$

$$K_{lm} = I_{d11min}^{(2)}/I_{zd1} = 2.50 > 1.5$$

3. 过电流保护

1) 电流定值

按躲过高压侧额定电流下可靠返回整定。

$$I_{dz2} = K_{rel}K_{jx}\frac{K_{gh}I_e}{K_h} = 1.2 \times 1 \times \frac{1.5 \times 27.5}{0.95} = 52.10(A)$$

式中:K_{rel} 为可靠系数,取 1.2;K_{jx} 为接线系数,取 1;K_{gh} 为过负荷系数,此处取 1.5;K_h 为返回系数,取 0.95。

CT 变比:200/5,二次整定值为 1.30 A。

2) 动作时间

$$t = 0.5\ s$$

3) 灵敏度校验

按最小运行方式下变压器低压侧二相短路校验。

$$K_{lm} = I_{d11min}^{(2)}/I_{zd2} = 0.866 \times 0.509\ 8/0.052\ 1 = 8.47 > 1.3$$

6.2.3.6　控制楼动力中心 1 号变压器 9G12

1. 回路参数计算

1) 电缆计算阻抗

$$Z_{3*} = 0.017 \times 0.221\ 379 \times 100/(10.5 \times 10.5) = 0.003\ 4$$

2) 孔板洞动力中心 1 号变压器计算阻抗

$$x_{T4} = \frac{U_k\%}{100} \times \frac{S_B}{S_n} = 0.043\ 7 \times \frac{100}{0.63} = 6.94$$

2. 电流速断保护

1) 按变压器低压侧出口短路整定

$$I_{zd1} = 1.3I_{d12max}^{(3)} = 1.3 \times 5.5/(2.716\ 16 + 0.003\ 4 + 6.94) = 0.740\ 2(kA)$$

2) 按躲过变压器可能出现的励磁涌流整定

6 300 kVA 以下变压器系数取 7~12,系统阻抗越大取值越小,取中间值。

$$I_{zd1} = 10 \times 34.6 = 346(A)$$

取两种情况下的最大值,应为 $I_{zd1} = 0.740\ 2$ kA。

CT 变比:200/5,二次整定值为 18.50 A。

3) 灵敏度校验

按最小运行方式下变压器高压侧出口二相短路校验:

$$I_{d12min}^{(2)} = 0.866 \times 5.5/(2.768\ 803 + 0.003\ 4) = 1.718\ 1(kA)$$

$$K_{lm} = I_{d12min}^{(2)}/I_{zd1} = 2.32 > 1.5$$

3. 过电流保护

1) 电流定值

按躲过变压器高压侧额定电流下可靠返回整定。

$$I_{dz2} = K_{rel}K_{jx}\frac{K_{gh}I_e}{K_h} = 1.2 \times 1 \times \frac{1.5 \times 34.6}{0.95} = 65.56(A)$$

式中:K_{rel} 为可靠系数,取 1.2;K_{jx} 为接线系数,取 1;K_{gh} 为过负荷系数,此处取 1.5;K_h 为返回系数,取 0.95。

CT 变比:200/5,二次整定值为 1.63 A。

2)动作时间

$$t = 0.5 \text{ s}$$

3)灵敏度校验

按最小运行方式下变压器低压侧二相短路校验。

$$K_{lm} = I_{d12min}^{(2)}/I_{zd2} = 0.866 \times 0.566\ 3/0.065\ 56 = 7.48 > 1.3$$

6.2.3.7　葱沟泵站 2 号电源 9G01

1. 回路参数计算

葱沟泵站 2 号电源所带负荷及接线见图 6-15。

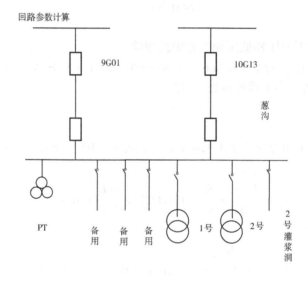

图 6-15　葱沟泵站电气接线图

电缆计算阻抗:

$$Z_* = 1.474 \times 0.221\ 379 \times 100/(10.5 \times 10.5) = 0.296\ 0$$

2. 电流速断保护

1)按电缆线路末端三相短路整定

$$I_{zd1} = 1.3 I_{d1max}^{(3)} = 1.3 \times 5.5/(2.716\ 16 + 0.296\ 0) = 2.373\ 7(\text{kA})$$

2)灵敏度校验

按最小运行方式下电缆线路始端二相短路校验:

$$I_{d1min}^{(2)} = 0.866 \times 5.5/2.768\ 803 = 1.720\ 2(\text{kA})$$

$$K_{lm} = I_{d1min}^{(2)}/I_{zd1} = 0.724\ 7 < 1.5$$

考虑葱沟电源为厂房清水供水,负荷较重要,设置限时电流速断,灵敏系数可以按 2 考虑。时限与下级负荷开关速断保护配合。

$$I_{zd1} = I_{dmin}^{(2)} \div 2 = 0.866 \times 5.5/(2.768\ 803 + 0.296\ 0) \div 2 = 0.777\ 0(\text{kA})$$

CT 变比:200/5,二次整定值为 19.4 A。

3)动作时间

$$t = 0.25 \text{ s}$$

3. 过电流保护

1) 电流定值

葱沟配电中心进线开关过电流保护按躲过负荷额定电流整定。

$$I_{dz2} = K_{rel} K_{jx} \frac{K_{gh} I_e}{K_h} = 1.2 \times 1 \times \frac{1.5 \times 160}{0.95} = 303.16(\text{A})$$

式中：K_{rel} 为可靠系数，取 1.2；K_{jx} 为接线系数，取 1；K_{gh} 为过负荷系数，此处取 1.5；K_h 为返回系数，取 0.95。

为了与葱沟配电中心进线开关过流保护配合，定值应整定为

$$I_{zd2} = 1.25 \times 303.16 = 379(\text{A})$$

CT 变比：200/5，二次整定值为 9.45 A。

2) 动作时间

时限与进线开关过电流保护一致，$t = 0.75$ s。

3) 灵敏度校验

按最小运行方式下电缆线路末端二相短路校验。

$$K_{lm} = I_{d1min}^{(2)} / I_{zd2} = 0.866 \times 1.7946/0.379 = 4.10 > 1.5$$

6.2.3.8 三级泵站 2 号电源 9G02

三级泵站 2 号电源所带负荷及接线见图 6-16。

1. 回路参数计算

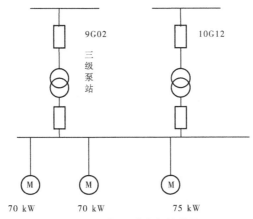

9G02　10G12

三级泵站

70 kW　70 kW　75 kW

图 6-16　三级泵站电气接线图

1) 电缆计算阻抗

$$Z_* = 0.748 \times 0.221379 \times 100/(10.5 \times 10.5) = 0.1502$$

2) 三级泵站变压器阻抗标幺值

$$x_{T4} = \frac{U_k\%}{100} \times \frac{S_B}{S_n} = 0.0383 \times \frac{100}{0.4} = 9.575$$

2. 电流速断保护

1) 按变压器低压侧短路三相短路整定

三级泵站变压器低压侧短路时，最大短路电流为

$$I_{dmax}^{(3)} = 5.5/(2.71616 + 0.1502 + 9.575) = 0.4421(\text{kA})$$

$$I_{zd1} = 1.3 I_{dmax}^{(3)} = 1.3 \times 5.5/(2.716\ 16 + 0.150\ 2 + 9.575) = 0.574\ 7(kA)$$

CT 变比:200/5,二次整定值为 14.36 A。

2)灵敏度校验

按最小运行方式下电缆线路始端二相短路校验

$$I_{d2min}^{(2)} = 0.866 \times 5.5/(2.768\ 803 + 0.150\ 2) = 1.631\ 7(kA)$$

$$K_{lm} = I_{d2min}^{(2)}/I_{zd1} = 2.84 > 1.5$$

3.过电流保护

1)电流定值

按躲过变压器高压侧额定电流整定。

$$I_{dz2} = K_{rel} K_{jx} \frac{K_{gh} I_e}{K_h} = 1.2 \times 1 \times \frac{1.5 \times 23.1}{0.95} = 43.77(A)$$

式中:K_{rel} 为可靠系数,取 1.2;K_{jx} 为接线系数,取 1;K_{gh} 为过负荷系数,此处取 1.5;K_h 为返回系数,取 0.95。

负荷主要为电动机,过负荷系数取 3。

CT 变比:200/5,二次整定值为 2.18 A。

2)动作时间

$$t = 0.5\ s$$

3)灵敏度校验

按最小运行方式下电缆线路末端二相短路校验:

$$K_{lm} = I_{d2min}^{(2)}/I_{dz2} = 0.866 \times 0.440\ 2/0.043\ 77 = 8.71 > 1.3$$

6.2.3.9 通风变电源 9G03

1.回路参数计算

9G03 开关所带负荷包括通风变(160 kVA)、4 号路照明变(100 kVA)、南坝头照明变(315 kVA)、圆梦园箱变(315 kVA)、展厅箱变(500 kVA),如图 6-17 及表 6-9 所示。

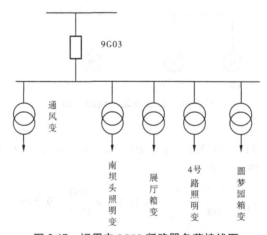

图 6-17 坝用电 9G03 断路器负荷接线图

1)电缆计算阻抗

$$Z_{1*} = 0.561 \times 0.221\ 379 \times 100/(10.5 \times 10.5) = 0.112\ 6$$

表 6-9　坝用电 9G03 断路器负荷参数

变压器名称	通风变	4 号路照明变	圆梦园箱变	南坝头照明变	展厅箱变
接线形式	Dyn11	Yyn0	Dyn11	Dyn11	Dyn11
容量/kVA	160	100	315	315	500
短路阻抗/%	4.21	4.18	4.31	4.28	3.91
额定电流/A	231/9.24	144/5.77	455/18.2	455/18.2	722/28.9

$$Z_{2*} = 1.962 \times 0.221\,379 \times 100/(10.5 \times 10.5) = 0.394\,0$$

2）变压器阻抗标幺值

$$x_{T1} = \frac{U_k\%}{100} \times \frac{S_B}{S_n} = 0.039\,1 \times \frac{100}{0.5} = 7.82$$

$$x_{T2} = \frac{U_k\%}{100} \times \frac{S_B}{S_n} = 0.042\,8 \times \frac{100}{0.315} = 13.59$$

$$x_{T3} = \frac{U_k\%}{100} \times \frac{S_B}{S_n} = 0.043\,1 \times \frac{100}{0.315} = 13.68$$

$$x_{T4} = \frac{U_k\%}{100} \times \frac{S_B}{S_n} = 0.041\,8 \times \frac{100}{0.1} = 41.8$$

$$x_{T5} = \frac{U_k\%}{100} \times \frac{S_B}{S_n} = 0.042\,1 \times \frac{100}{0.160} = 26.31$$

2. 电流速断保护

1）电流定值

按最大运行方式变压器低压侧三相短路电流整定,取最大短路电流。

通风变低压侧短路电流为

$$I_{d3max}^{(3)} = 5.5/(2.716\,16 + 0.112\,6 + 26.31) = 0.188\,8(kA)$$

南坝头侧变压器低压侧短路电流为

$$I_{d3max}^{(3)} = 5.5/(2.716\,16 + 0.394\,0 + 7.82) = 0.503\,2(kA)$$

$$I_{d3max}^{(3)} = 5.5/(2.716\,16 + 0.394\,0 + 13.59) = 0.329\,3(kA)$$

$$I_{d3max}^{(3)} = 5.5/(2.716\,16 + 0.394\,0 + 13.68) = 0.327\,6(kA)$$

$$I_{d3max}^{(3)} = 5.5/(2.716\,16 + 0.394\,0 + 41.8) = 0.122\,5(kA)$$

最大短路电流为 0.503 2 kA。

速断保护按最大短路电流整定:

$$I_{zd1} = 1.3 I_{dmax}^{(3)} = 1.3 \times 0.503\,2 = 0.654\,2(kA)$$

CT 变比:200/5,二次整定值为 16.35 A。

2）灵敏度校验

按最小运行方式下变压器高压侧二相短路校验:

$$I_{d3min}^{(2)} = 0.866 \times 5.5/(2.768\,803 + 0.394\,0) = 1.505\,9(kA)$$

$K_{lm} = I_{d3min}^{(2)}/I_{zd1} = 2.30 > 1.5$，灵敏度满足要求。

为了与熔断器保护配合，动作时间取 0.3 s。

3. 过电流保护

1）电流定值

按躲过最小负荷分支过流与其他分支正常负荷电流整定。

$$I = 5.77 \times 1.89 + 5.77 \times (3.15 + 3.15 + 5 + 1.6) = 85.34(\text{A})$$

$$I_{dz2} = K_k K_{jx} \frac{K_{gh} I_e}{K_h} = 1.2 \times 1 \times \frac{1.5 \times 85.34}{0.95} = 161.70(\text{A})$$

CT 变比：200/5，二次整定值为 4.03 A。

2）动作时间

$$t = 0.5 \text{ s}$$

3）灵敏度校验

按负荷最小侧支路校验。

$$I_{dmin}^{(2)} = 0.866 \times 5.5/(2.768\ 803 + 0.394\ 0 + 41.8) = 0.105\ 9(\text{kA})$$

$$K_{lm} = I_{dmin}^{(2)}/I_{zd2} = 0.105\ 9/0.067\ 65 = 1.57 > 1.3$$

为了便于管理，拟将 9G03 所带南坝头支路负荷移至 10G09 开关柜，分开后保护整定方案如下。

9G03 开关柜：

(1)电流速断保护。

①按变压器低压侧三相短路整定。

通风变低压侧短路电流为

$$I_{d3max}^{(3)} = 5.5/(2.716\ 16 + 0.112\ 6 + 26.31) = 0.188\ 8(\text{kA})$$

变压器励磁涌流按 10 倍额定电流计算为 92.4 A。

$$I_{zd1} = 1.3 I_{dmax}^{(3)} = 1.3 \times 0.188\ 8 = 0.245\ 4(\text{kA})$$

CT 变比：200/5，二次整定值为 6.13 A。

②灵敏度校验。

按最小运行方式下变压器高压侧二相短路校验：

$$I_{d3min}^{(2)} = 0.866 \times 5.5/(2.768\ 803 + 0.112\ 6) = 1.653\ 0(\text{kA})$$

式中：$K_{lm} = I_{d3min}^{(2)}/I_{zd1} = 6.74 > 1.5$，灵敏度满足要求。

(2)过电流保护。

①电流定值，按躲过变压器额定电流整定。考虑到所带负荷主要为风机，过负荷系数取 3。

$$I_{dz2} = K_{rel} K_{jx} \frac{K_{gh} I_e}{K_h} = 1.2 \times 1 \times \frac{3 \times 9.2}{0.95} = 34.86(\text{A})$$

式中：K_{rel} 为可靠系数，取 1.2；K_{jx} 为接线系数，取 1；K_{gh} 为过负荷系数，此处取 3；K_h 为返回系数，取 0.95。

CT 变比：200/5，二次整定值为 0.86 A。

②灵敏度校验，按最小运行方式下变压器低压侧二相短路校验。

$$K_{\text{lm}} = I_{\text{d2min}}^{(2)}/I_{\text{zd2}} = 0.866 \times 0.188\ 8/0.034\ 86 = 4.7 > 1.3$$

6.2.3.10　联络开关 9G13

1. 短路电流计算

9G 最大运行方式：

$$I_{9G13}^{(3)} = \frac{I_{\text{G}}}{Z_{\text{系统9Gmax}}} = \frac{5\ 500}{2.716\ 1} = 2\ 024.96(\text{A})$$

9G 最小运行方式：

$$I_{9G13}^{(2)} = \frac{I_{\text{G}}}{Z_{\text{系统9Gmin}}} = \frac{5\ 500}{2.768\ 803} = 1\ 986.42(\text{A})$$

2. 速断保护

速断保护定值按与 9 段负荷开关速断保护最大值（9G06）一致整定，并增加延时。

$$I_{\text{zd1}} = 28.67\ \text{A}$$

动作时间 $t = 0.25$ s。

按最小运行方式下阻抗最大变压器高压侧出口二相短路校验：

$$I_{\text{d9min}}^{(2)} = 0.866 \times 5.5/Z_{\text{s}} = 0.866 \times 1.986\ 42 = 1.720\ 2(\text{kA})$$

$$K_{\text{lm}} = I_{\text{d9min}}^{(2)}/I_{\text{zd1}} = 60 > 1.5$$

3. 过流保护

按 9 段、10 段进线开关最小值整定。

$$I_{\text{zd2}} = 6.63\ \text{A}, t = 0.75 + 0.25 = 1(\text{s})$$

6.2.3.11　进水塔 2 号动力中心电源 10G02

1. 回路参数计算

1）电缆计算阻抗

$$Z_* = 0.371 \times 0.221\ 379 \times 100/(10.5 \times 10.5) = 0.074\ 5$$

2）变压器阻抗标幺值

$$x_{\text{T}} = \frac{U_{\text{k}}\%}{100} \times \frac{S_{\text{B}}}{S_{\text{n}}} = 0.063\ 6 \times \frac{100}{1.25} = 5.088$$

2. 电流速断保护

1）按变压器低压侧三相短路整定

进水塔 2 号动力中心变压器低压侧短路时，最大短路电流为

$$I_{\text{dmax}}^{(3)} = 5.5/(0.792\ 943 + 0.074\ 5 + 5.088) = 0.923\ 5(\text{kA})$$

$$I_{\text{zd1}} = 1.3 I_{\text{dmax}}^{(3)} = 1.3 \times 0.923\ 5 = 1.200\ 6(\text{kA})$$

CT 变比：200/5，二次整定值为 30.01 A。

按躲过变压器励磁涌流整定。励磁涌流取 10 倍额定电流为 687 A。

取两种情况中的最大值，$I_{\text{zd1}} = 1.200\ 6$ kA ，二次整定值为 30.01 A。

2）灵敏度校验

按最小运行方式下变压器高压侧出口二相短路校验：

$$I_{\text{dmin}}^{(2)} = 0.866 \times 5.5/(0.800\ 860 + 0.074\ 5) = 5.441\ 2(\text{kA})$$

$$K_{\text{lm}} = I_{\text{dmin}}^{(2)}/I_{\text{zd1}} = 4.53 > 1.5$$

3. 过电流保护

1) 电流定值

按躲过高压侧额定电流下可靠返回整定。

$$I_{dz2} = K_{rel}K_{jx}\frac{K_{gh}I_e}{K_h} = 1.2 \times 1 \times \frac{1.5 \times 68.7}{0.95} = 130.17(A)$$

式中:K_{rel} 为可靠系数,取 1.2;K_{jx} 为接线系数,取 1;K_{gh} 为过负荷系数,此处取 1.5;K_h 为返回系数,取 0.95。

CT 变比:200/5,二次整定值为 3.24 A。

2) 动作时间

$$t = 0.5\ s$$

3) 灵敏度校验

按最小运行方式下变压器低压侧二相短路校验。

$$I_{dmin}^{(2)} = 0.866 \times 5.5/(0.800\ 860 + 0.074\ 5 + 5.088) = 0.798\ 7(kA)$$

$$K_{lm} = I_{dmin}^{(2)}/I_{zd2} = 0.798\ 7/0.130\ 17 = 6.14 > 1.3$$

6.2.3.12　排沙洞 3 号动力中心 10G03

1. 回路参数计算

1) 电缆计算阻抗

$$Z_* = 1.238 \times 0.221\ 379 \times 100/(10.5 \times 10.5) = 0.248\ 6$$

2) 排沙洞 3 号动力中心变压器计算阻抗

$$x_T = \frac{U_k\%}{100} \times \frac{S_B}{S_n} = 0.043\ 5 \times \frac{100}{0.4} = 10.875$$

2. 电流速断保护

1) 按变压器低压侧出口短路整定

$$I_{zd1} = 1.3I_{d10max}^{(3)} = 1.3 \times 5.5/(0.792\ 943 + 0.248\ 6 + 10.875) = 0.600\ 0(kA)$$

2) 按躲过变压器可能出现的励磁涌流整定

6 300 kVA 以下变压器系数取 7~12,系统阻抗越大,取值越小,取中间值。

$$I_{zd1} = 10 \times 22 = 220(A)$$

取两种情况下的最大值,$I_{zd1} = 0.600\ 0$ kA,二次整定值为 15.00 A。

3) 灵敏度校验

按最小运行方式下变压器高压侧出口二相短路校验:

$$I_{d7min}^{(2)} = 0.866 \times 5.5/(0.800\ 860 + 0.248\ 6) = 4.538\ 5(kA)$$

$$K_{lm} = I_{d7min}^{(2)}/I_{zd1} = 7.56 > 1.5$$

3. 过电流保护

1) 电流定值

按躲过高压侧额定电流下可靠返回整定。

$$I_{dz2} = K_{rel}K_{jx}\frac{K_{gh}I_e}{K_h} = 1.2 \times 1 \times \frac{1.5 \times 22}{0.95} = 41.68(A)$$

式中:K_{rel} 为可靠系数,取 1.2;K_{jx} 为接线系数,取 1;K_{gh} 为过负荷系数,此处取 1.5;K_h 为返回系数,取 0.95。

CT 变比:200/5,二次整定值为 1.03 A。

2)动作时间

$$t = 0.5 \text{ s}$$

3)灵敏度校验

按最小运行方式下变压器低压侧二相短路校验。

$$I_{dmin}^{(2)} = 0.866 \times 5.5/(0.800\ 860 + 0.248\ 6 + 10.875) = 0.399\ 4(\text{kA})$$

$$K_{lm} = I_{dmin}^{(2)}/I_{zd2} = 0.399\ 4/0.041\ 68 = 9.58 > 1.3$$

6.2.3.13　孔板洞动力中心 2 号变压器 10G04

1. 回路参数计算

1)电缆计算阻抗

$$Z_{3*} = 0.347 \times 0.221\ 379 \times 100/(10.5 \times 10.5) = 0.069\ 7$$

2)孔板洞动力中心 1 号变压器计算阻抗

$$x_T = \frac{U_k\%}{100} \times \frac{S_B}{S_n} = 0.039\ 4 \times \frac{100}{0.5} = 7.88$$

2. 电流速断保护

1)按变压器低压侧出口短路整定

$$I_{zd1} = 1.3 I_{d11max}^{(3)} = 1.3 \times 5.5/(0.792\ 943 + 0.069\ 7 + 7.88) = 0.817\ 8(\text{kA})$$

2)按躲过变压器可能出现的励磁涌流整定

6 300 kVA 以下变压器系数取 7~12,系统阻抗越大,取值越小,取中间值。

$$I_{zd1} = 10 \times 27.5 = 275(\text{A})$$

取两种情况下的最大值,应为 $I_{zd1} = 0.817\ 8$ kA。

CT 变比:200/5,二次整定值为 20.44 A。

3)灵敏度校验

按最小运行方式下变压器高压侧出口二相短路校验:

$$I_{d7min}^{(2)} = 0.866 \times 5.5/(0.800\ 860 + 0.069\ 7) = 5.471\ 2(\text{kA})$$

$$K_{lm} = I_{d7min}^{(2)}/I_{zd1} = 6.69 > 1.5$$

3. 过电流保护

1)电流定值

按躲过高压侧额定电流下可靠返回整定。

$$I_{dz2} = K_{rel}K_{jx}\frac{K_{gh}I_e}{K_h} = 1.2 \times 1 \times \frac{1.5 \times 27.5}{0.95} = 52.11(\text{A})$$

式中:K_{rel} 为可靠系数,取 1.2;K_{jx} 为接线系数,取 1;K_{gh} 为过负荷系数,此处取 1.5;K_h 为返回系数,取 0.95。

CT 变比:200/5,二次整定值为 1.29 A。

2)动作时间

$$t = 0.5 \text{ s}$$

3）灵敏度校验

按最小运行方式下变压器低压侧二相短路校验：

$$I_{\text{dmin}}^{(2)} = 0.866 \times 5.5/(0.800\,860 + 0.069\,7 + 7.88) = 0.544\,3(\text{kA})$$

$$K_{\text{lm}} = I_{\text{dmin}}^{(2)}/I_{\text{zd2}} = 0.544\,3/0.052\,11 = 10.45 > 1.3$$

6.2.3.14　控制楼动力中心 2 号变压器 10G06

1. 回路参数计算

1）电缆计算阻抗

$$Z_{3*} = 0.025 \times 0.221\,379 \times 100/(10.5 \times 10.5) = 0.005\,0$$

2）控制楼动力中心 2 号变压器计算阻抗

$$x_{\text{T}} = \frac{U_{\text{k}}\%}{100} \times \frac{S_{\text{B}}}{S_{\text{n}}} = 0.043\,7 \times \frac{100}{0.63} = 6.94$$

2. 电流速断保护

1）按变压器低压侧出口短路整定

$$I_{\text{zd1}} = 1.3 I_{\text{d11max}}^{(3)} = 1.3 \times 5.5/(0.792\,943 + 0.005\,0 + 6.94) = 0.924\,0(\text{kA})$$

2）按躲过变压器可能出现的励磁涌流整定

6 300 kVA 以下变压器系数取 7~12，系统阻抗越大取值越小，取中间值。

$$I_{\text{zd1}} = 10 \times 34.6 = 346(\text{A})$$

取两种情况下的最大值，$I_{\text{zd1}} = 0.924\,0$ kA，二次整定值为 23.11 A。

3）灵敏度校验

按最小运行方式下变压器高压侧出口二相短路校验：

$$I_{\text{d6min}}^{(2)} = 0.866 \times 5.5/(0.800\,860 + 0.005\,0) = 5.910\,5(\text{kA})$$

$$K_{\text{lm}} = I_{\text{d6min}}^{(2)}/I_{\text{zd1}} = 6.40 > 1.5$$

3. 过电流保护

1）电流定值

按躲过变压器高压侧额定电流下可靠返回整定。

$$I_{\text{dz2}} = K_{\text{rel}} K_{\text{jx}} \frac{K_{\text{gh}} I_e}{K_{\text{h}}} = 1.2 \times 1 \times \frac{1.5 \times 34.6}{0.95} = 65.56(\text{A})$$

式中：K_{rel} 为可靠系数，取 1.2；K_{jx} 为接线系数，取 1；K_{gh} 为过负荷系数，此处取 1.5；K_{h} 为返回系数，取 0.95。

CT 变比：200/5，二次整定值为 1.63 A。

2）动作时间

$$t = 0.5\ \text{s}$$

3）灵敏度校验

按最小运行方式下变压器低压侧三相短路校验。

$$I_{\text{dmin}}^{(2)} = 0.866 \times 5.5/(0.800\,860 + 0.005\,0 + 6.94) = 0.614\,9(\text{kA})$$

$$K_{\text{lm}} = I_{\text{dmin}}^{(2)}/I_{\text{zd2}} = 0.614\,9/0.065\,56 = 9.4 > 1.3$$

6.2.3.15　控制楼照明变压器 10G08

1. 回路参数计算

1) 电缆计算阻抗

$$Z_{3*} = 0.017 \times 0.221\ 379 \times 100/(10.5 \times 10.5) = 0.003\ 4$$

2) 控制楼照明变压器计算阻抗

$$x_{\mathrm{T}} = \frac{U_{\mathrm{k}}\%}{100} \times \frac{S_{\mathrm{B}}}{S_{\mathrm{n}}} = 0.038\ 8 \times \frac{100}{0.16} = 24.25$$

2. 电流速断保护

1) 按变压器低压侧出口短路整定

$$I_{\mathrm{zd1}} = 1.3 I_{\mathrm{d11max}}^{(3)} = 1.3 \times 5.5/(0.792\ 943 + 0.003\ 4 + 24.25) = 0.285\ 5(\mathrm{kA})$$

2) 按躲过变压器可能出现的励磁涌流整定

6 300 kVA 以下变压器系数取 7 ~ 12，系统阻抗越大取值越小，取中间值。

$$I_{\mathrm{zd1}} = 10 \times 8.8 = 88(\mathrm{A})$$

取两种情况下的最大值，应为 $I_{\mathrm{zd1}} = 0.285\ 5\ \mathrm{kA}$ 。

CT 变比：200/5，二次整定值为 7.14 A。

3) 灵敏度校验

按最小运行方式下变压器高压侧出口二相短路校验：

$$I_{\mathrm{d7min}}^{(2)} = 0.866 \times 5.5/(0.800\ 860 + 0.003\ 4) = 5.922\ 2(\mathrm{kA})$$

$$K_{\mathrm{lm}} = I_{\mathrm{d7min}}^{(2)}/I_{\mathrm{zd1}} = 20.74 > 1.5$$

3. 过电流保护

1) 电流定值

按躲过高压侧额定电流下可靠返回整定。

$$I_{\mathrm{dz2}} = K_{\mathrm{rel}} K_{\mathrm{jx}} \frac{K_{\mathrm{gh}} I_{\mathrm{e}}}{K_{\mathrm{h}}} = 1.2 \times 1 \times \frac{1.5 \times 8.8}{0.95} = 16.67(\mathrm{A})$$

式中：K_{rel} 可靠系数，取 1.2；K_{jx} 为接线系数，取 1；K_{gh} 为过负荷系数，此处取 1.5；K_{h} 为返回系数，取 0.95。

CT 变比：200/5，二次整定值为 0.41 A。

2) 动作时间

$$t = 0.5\ \mathrm{s}$$

3) 灵敏度校验

按最小运行方式下变压器低压侧二相短路校验。

$$I_{\mathrm{dmin}}^{(2)} = 0.866 \times 5.5/(0.800\ 860 + 0.003\ 4 + 24.25) = 0.190\ 1(\mathrm{kA})$$

$$K_{\mathrm{lm}} = I_{\mathrm{dmin}}^{(2)}/I_{\mathrm{zd2}} = 0.190\ 1/0.016\ 67 = 11.40 > 1.3$$

6.2.3.16　消力塘电源开关 10G11

最大运行方式下 10 段母线短路电流：

$$I_{\mathrm{d10max}}^{(3)} = 5.5/0.792\ 943 = 6.936\ 2(\mathrm{kA})$$

最小运行方式下 10 段母线短路电流：

$$I_{\mathrm{d10min}}^{(3)} = 5.5/0.800\ 860 = 6.867\ 6(\mathrm{kA})$$

最大运行方式 12 段母线短路电流：
$$I_{d12max}^{(3)} = 5.5/(Z_s + Z_2) = 5.5/1.068\ 2 = 5.148\ 8(kA)$$
最小运行方式 12 段母线短路电流：
$$I_{d12min}^{(3)} = 5.5/(Z_s + Z_2) = 5.5/1.076\ 16 = 5.110\ 8(kA)$$

1. 电流速断保护

1) 按本线路末端短路整定
$$I_{zd1} = 1.3 I_{d12max}^{(3)} = 6.693\ 4(kA)$$

2) 灵敏度校验

按最小运行方式下保护线路始端发生二相短路校验。
$$I_{d10min}^{(2)} = 0.866 \times 5.5/Z_s = 0.866 \times 6.867\ 6 = 5.947\ 3$$
$$K_{lm} = I_{d10min}^{(2)}/I_{zd1} = 0.89 < 1.5$$

消力塘 10 kV 母线设有备自投，考虑到负荷重要性不高，应投入速断保护，按保护安装处有灵敏度整定。
$$I_{zd1} = I_{d10min}^{(2)}/2 = 5.947\ 3/2 = 2.973\ 7(kA)$$

CT 变比：200/5，二次整定值为 74.37 A。

2. 过电流保护

1) 电流定值

12G02 过电流保护按躲过高压侧额定电流下可靠返回整定。
$$I_{dz2} = K_{rel}K_{jx}\frac{K_{gh}I_e}{K_h} = 1.2 \times 1 \times \frac{3 \times 22}{0.95} = 3.78 \times 22 = 83.16(A)$$

式中：K_{rel} 为可靠系数，取 1.2；K_{jx} 为接线系数，取 1；K_{gh} 为过负荷系数，此处取 3；K_h 为返回系数，取 0.95。

为了与 12G02 配合，10G11 过电流保护定值：
$$I_{zd2} = 1.25 \times I_{zd2n} = 1.25 \times 83.37 = 104.27(A)$$

CT 变比：200/5，二次整定值为 2.59 A。

2) 动作时间

与下级负荷进线开关过流保护时间取一致，$t = 0.75$ s。

3) 灵敏度校验

按最小运行方式下保护线路末端发生二相短路校验。
$$I_{dmin}^{(2)} = 0.866 \times 5.5/(0.800\ 860 + 0.275\ 3) = 4.425\ 9(kA)$$
$$K_{lm} = I_{dmin}^{(2)}/I_{zd2} = 4.425\ 9/0.083\ 37 = 53.09 > 1.3$$

6.2.3.17　三级泵站 1 号电源 10G12

1. 回路参数计算

1) 电缆计算阻抗
$$Z_* = 0.745 \times 0.221\ 379 \times 100/(10.5 \times 10.5) = 0.149\ 8$$

2) 三级泵站变压器阻抗标幺值
$$x_T = \frac{U_k\%}{100} \times \frac{S_B}{S_n} = 0.037\ 9 \times \frac{100}{0.4} = 9.475$$

2. 电流速断保护

1) 按变压器低压侧短路三相短路整定

三级泵站变压器低压侧短路时,最大短路电流为

$$I_{\text{dmax}}^{(3)} = 5.5/(0.792\,943 + 0.149\,6 + 9.475) = 0.528\,0(\text{kA})$$

$$I_{\text{zd1}} = 1.3I_{\text{dmax}}^{(3)} = 1.3 \times 0.528\,0 = 0.686\,4(\text{kA})$$

CT 变比:200/5,二次整定值为 17.16 A。

2) 灵敏度校验

按最小运行方式下变压器高压侧二相短路校验

$$I_{\text{dmin}}^{(2)} = 0.866 \times 5.5/(0.800\,86 + 0.149\,6) = 5.011\,3(\text{kA})$$

$$K_{\text{lm}} = I_{\text{dmin}}^{(2)}/I_{\text{zd1}} = 7.30 > 1.5$$

3. 过电流保护

1) 电流定值

按躲过供电变压器高压侧额定电流下可靠返回整定。

$$I_{\text{dz2}} = K_{\text{rel}}K_{\text{jx}}\frac{K_{\text{gh}}I_e}{K_h} = 1.2 \times 1 \times \frac{1.5 \times 23.1}{0.95} = 43.77(\text{A})$$

式中:K_{rel} 为可靠系数,取 1.2;K_{jx} 为接线系数,取 1;K_{gh} 为过负荷系数,此处取 1.5;K_h 为返回系数,取 0.95。

负荷主要为电动机,过负荷系数取 3。

CT 变比:200/5,二次整定值为 2.18 A。

2) 动作时间

$$t = 0.5\,\text{s}$$

3) 灵敏度校验

按最小运行方式下变压器低压侧发生二相短路校验。

$$I_{\text{dmin}}^{(2)} = 0.866 \times 5.5/(0.800\,860 + 0.149\,6 + 9.475) = 0.456\,9(\text{kA})$$

$$K_{\text{lm}} = I_{\text{dmin}}^{(2)}/I_{\text{zd2}} = 0.456\,9/0.043\,77 = 10.44 > 1.3$$

6.2.3.18　葱沟泵站 1 号电源 10G13

1. 回路参数计算

电缆计算阻抗:

$$Z_* = 1.473 \times 0.221\,379 \times 100/(10.5 \times 10.5) = 0.295\,8$$

2. 设置电流速断保护

1) 按电缆线路末端三相短路整定

$$I_{\text{zd1}} = 1.3I_{\text{dmax}}^{(3)} = 1.3 \times 5.5/(0.792\,943 + 0.295\,8) = 6.567\,2(\text{kA})$$

2) 灵敏度校验

按最小运行方式下电缆线路始端二相短路校验:

$$I_{\text{dmin}}^{(2)} = 0.866 \times 5.5/0.800\,860 = 5.947\,4(\text{kA})$$

$$K_{\text{lm}} = I_{\text{dmin}}^{(2)}/I_{\text{zd1}} = 0.91 < 1.5$$

考虑到负荷为厂房清水电源,负荷较重要,设置限时电流速断保护,灵敏系数按 2 计算。时限与下级负荷开关速断保护配合。

$$I_{dmin}^{(2)} = 0.866 \times 5.5/(0.800\ 860 + 0.295\ 8) = 4.343\ 2(kA)$$

$$I_{zd1} = I_{dmin}^{(2)}/K_{lm} = 4.343\ 2/2 = 2.171\ 6(kA)$$

CT 变比:200/5,二次整定值为 54.29 A。

动作时限取 0.25 s。

3. 过电流保护

1)电流定值

按躲过葱沟泵房最大负荷电流整定,过负荷系数取 1.5。

葱沟泵房进线开关过电流保护按躲过负荷额定电流整定。

$$I_{dz2} = K_{rel}K_{jx}\frac{K_{gh}I_e}{K_h} = 1.2 \times 1 \times \frac{1.5 \times 160}{0.95} = 303.16(A)$$

式中:K_{rel} 为可靠系数,取 1.2;K_{jx} 为接线系数,取 1;K_{gh} 为过负荷系数,此处取 1.5;K_h 为返回系数,取 0.95。

为了与葱沟泵房进线开关过流保护配合,定值应整定为

$$I_{zd2} = 1.25 \times 303.16 = 378.95(A)$$

CT 变比:200/5,二次整定值为 9.47 A。

葱沟泵房进线开关过电流保护定值为 8.5 A,CT 变比相同,配合整定值为

$$I_{zd2} = 1.25 \times 8.5 = 10.63(A)$$

2)动作时间

时限与进线开关过电流保护一致,$t = 0.75$ s。

3)灵敏度校验

按最小运行方式下电缆线路末端发生二相短路校验。

$$I_{dmin}^{(2)} = 0.866 \times 5.5/(0.800\ 860 + 0.295\ 8) = 4.343\ 2(kA)$$

$$K_{lm} = I_{dmin}^{(2)}/I_{zd2} = 4.343\ 2/0.378\ 94 = 11.46 > 1.5$$

6.2.3.19　码头电源 10G09

1. 回路参数计算

1)电缆计算阻抗

$$Z_* = 0.56 \times 0.221\ 379 \times 100/(10.5 \times 10.5) = 0.112\ 4$$

2)码头变压器阻抗标幺值(估算值)

$$x_T = \frac{U_k\%}{100} \times \frac{S_B}{S_n} = 0.041 \times \frac{100}{0.25} = 16.4$$

2. 电流速断保护

1)按变压器低压侧三相短路整定

码头变压器低压侧短路时,最大短路电流为

$$I_{dmax}^{(3)} = 5.5/(0.792\ 943 + 0.112\ 4 + 16.4) = 0.317\ 8(kA)$$

$$I_{zd1} = 1.3I_{dmax}^{(3)} = 1.3 \times 0.317\ 8 = 0.413\ 1(kA)$$

CT 变比:200/5,二次整定值为 10.33 A。

2)灵敏度校验

按最小运行方式下变压器高压侧二相短路校验:

$$I_{\text{dmin}}^{(2)} = 0.866 \times 5.5/(0.792\,943 + 0.149\,6) = 5.053\,4(\text{kA})$$

$$K_{\text{lm}} = I_{\text{dmin}}^{(2)}/I_{\text{zd1}} = 5.053\,4/0.413\,1 = 12.23 > 1.5$$

3. 过电流保护

1）电流定值

过电流保护按躲过高压侧额定电流下可靠返回整定。

变压器高压侧额定电流 $I = 250/1.732/10.5 = 13.75(\text{A})$

$$I_{\text{dz2}} = K_{\text{rel}}K_{\text{jx}} \frac{K_{\text{gh}}I_{\text{e}}}{K_{\text{h}}} = 1.2 \times 1 \times \frac{1.5 \times 13.75}{0.95} = 1.89 \times 13.75 = 26.05(\text{A})$$

式中：K_{rel} 为可靠系数，取 1.2；K_{jx} 为接线系数，取 1；K_{gh} 为过负荷系数，此处取 1.5；K_{h} 为返回系数，取 0.95。

CT 变比：200/5，二次整定值为 0.64 A。

2）动作时间

$$t = 0.5\ \text{s}$$

3）灵敏度校验

按最小运行方式下变压器低压侧发生二相短路校验。

$$I_{\text{dmin}}^{(2)} = 0.866 \times 5.5/(0.800\,860 + 0.112\,4 + 16.4) = 0.275\,1(\text{kA})$$

$$K_{\text{lm}} = I_{\text{dmin}}^{(2)}/I_{\text{zd2}} = 0.275\,1/0.026\,05 = 10.56 > 1.3$$

拟将送至南坝头电缆分接箱负荷转至此开关回路，主要负荷包括 4 号路照明变（100 kVA）、南坝头照明变（315 kVA）、圆梦园箱变（315 kVA）、展厅箱变（500 kVA），见表 6-10。

表 6-10　集中连接负荷变压器参数

变压器名称	4 号路照明变	圆梦园箱变	南坝头照明变	展厅箱变
接线形式	Yyn0	Dyn11	Dyn11	Dyn11
容量/kVA	100	315	315	500
短路阻抗/%	4.18	4.31	4.28	3.91
额定电流/A	144/5.77	455/18.2	455/18.2	722/28.9

（1）回路参数计算。

①电缆计算阻抗。

$$Z_{2*} = 1.962 \times 0.221\,379 \times 100/(10.5 \times 10.5) = 0.394\,0$$

②变压器阻抗标幺值。

$$x_{\text{T1}} = \frac{U_{\text{k}}\%}{100} \times \frac{S_{\text{B}}}{S_{\text{n}}} = 0.039\,1 \times \frac{100}{0.5} = 7.82$$

$$x_{\text{T2}} = \frac{U_{\text{k}}\%}{100} \times \frac{S_{\text{B}}}{S_{\text{n}}} = 0.042\,8 \times \frac{100}{0.315} = 13.59$$

$$x_{\text{T3}} = \frac{U_{\text{k}}\%}{100} \times \frac{S_{\text{B}}}{S_{\text{n}}} = 0.043\,1 \times \frac{100}{0.315} = 13.68$$

$$x_{T4} = \frac{U_k\%}{100} \times \frac{S_B}{S_n} = 0.041\ 8 \times \frac{100}{0.1} = 41.8$$

（2）电流速断保护。

①按变压器低压侧三相短路整定,取最大短路电流整定。

南坝头侧变压器低压侧短路电流为

$$I_{d3max}^{(3)} = 5.5 / (2.716\ 16 + 0.394\ 0 + 7.82) = 0.503\ 2(kA)$$

$$I_{d3max}^{(3)} = 5.5 / (2.716\ 16 + 0.394\ 0 + 13.59) = 0.329\ 3(kA)$$

$$I_{d3max}^{(3)} = 5.5 / (2.716\ 16 + 0.394\ 0 + 13.68) = 0.327\ 6(kA)$$

$$I_{d3max}^{(3)} = 5.5 / (2.716\ 16 + 0.394\ 0 + 41.8) = 0.122\ 5(kA)$$

最大短路电流为 0.503 2 kA。

速断保护按最大短路电流整定:

$$I_{zd1} = 1.3 I_{d3max}^{(3)} = 1.3 \times 0.503\ 2 = 0.654\ 2(kA)$$

CT 变比:200/5,二次整定值为 16.35 A。

②灵敏度校验。

按最小运行方式下变压器高压侧二相短路校验:

$$I_{d3min}^{(2)} = 0.866 \times 5.5 / (2.768\ 803 + 0.394\ 0) = 1.505\ 9(kA)$$

$K_{lm} = I_{d3min}^{(2)} / I_{zd1} = 2.30 > 1.5$,灵敏度满足要求。

动作时间:由于各变压器高压侧均设有熔断器,动作时间取 0.3 s。

（3）过电流保护。

①电流定值。

按躲过最小负荷分支过流与其他正常负荷电流整定。

$$I = 5.77 \times 1.89 + 18.2 + 18.2 + 28.9 = 76.21(A)$$

$$I_{dz2} = K_{rel} K_{jx} \frac{K_{gh} I_e}{K_h} = 1.2 \times 1 \times \frac{1.5 \times 76.21}{0.95} = 144.40(A)$$

CT 变比:200/5,二次整定值为 3.60 A。

②动作时间。

$$t = 0.5\ s$$

③灵敏度校验。

按负荷短路电流最大侧支路校验。

$$I_{dmin}^{(2)} = 0.866 \times 5.5 / (2.768\ 803 + 0.394\ 0 + 7.82) = 0.433\ 7(kA)$$

$$K_{lm} = I_{dmin}^{(2)} / I_{zd2} = 0.433\ 7 / 0.144\ 40 = 3.00 > 1.3$$

按负荷短路电流最小侧支路校验。

$$I_{dmin}^{(2)} = 0.866 \times 5.5 / (2.768\ 803 + 0.394\ 0 + 41.8) = 0.105\ 9(kA)$$

$$K_{lm} = I_{dmin}^{(2)} / I_{zd2} = 0.105\ 9 / 0.144\ 40 = 0.74 < 1.3$$

为了保证灵敏度:

$$I_{zd2} = 0.105\ 9 / 1.3 = 0.081\ 5(kA)$$

CT 变比:200/5,二次整定值为 2.03 A。

6.2.3.20　消力塘 1 号动力中心开关 11G02

1. 电流速断保护

消力塘变压器低压侧短路时：

最大运行方式：

$$I_{dmax}^{(3)} = 5.5/(2.716\ 1 + 0.369\ 9 + 10.925) = 0.392\ 5(kA)$$

最小运行方式：

$$I_{dmin}^{(3)} = 5.5/(2.768\ 803 + 0.369\ 9 + 10.925) = 0.391\ 1(kA)$$

$$I_{zd1} = 1.3 I_{dmax}^{(3)} = 1.3 \times 0.392\ 5 = 0.510\ 3(kA)$$

CT 变比：300/5，二次整定值为 8.51 A。

灵敏度校验：

按最小运行方式下变压器高压侧出口发生两相短路校验。

$$I_{d11min}^{(3)} = 5.5/(Z_s + Z_2) = 5.5/3.138\ 7 = 1.752\ 3(kA)$$

$$K_{lm} = I_{d11min}^{(2)}/I_{zd1} = 0.866 I_{d11min}^{(3)}/I_{zd1} = 2.97 > 1.5$$

2. 过电流保护

1）电流定值

过电流保护按躲过高压侧额定电流下可靠返回整定。

变压器高压侧额定电流 $I = 400 \div 1.732 \div 10.5 = 22(A)$

$$I_{dz2} = K_{rel} K_{jx} \frac{K_{gh} I_e}{K_h} = 1.2 \times 1 \times \frac{3 \times 22}{0.95} = 83.37(A)$$

式中：K_{rel} 为可靠系数，取 1.2；K_{jx} 为接线系数，取 1；K_{gh} 为过负荷系数，此处取 3；K_h 为返回系数，取 0.95。

CT 变比：300/5，二次整定值为 1.38 A。

2）动作时间

$$t = 0.3\ s$$

3）灵敏度校验

按最小运行方式下变压器低压侧发生二相短路校验。

$$I_{dmin}^{(2)} = 0.866 \times 5.5/(2.768\ 803 + 0.369\ 9 + 10.925) = 0.338\ 7(kA)$$

$$K_{lm} = I_{dmin}^{(2)}/I_{zd2} = 0.338\ 7/0.083\ 37 = 4.06 > 1.3$$

6.2.3.21　消力塘 2 号动力中心开关 12G02

1. 电流速断保护

1）坝顶 10 段至消力塘 12 段电力电缆计算阻抗

$$Z_2 = 1.371 \times 0.221\ 379 \times 100/(10.5 \times 10.5) = 0.275\ 3$$

2）消力塘变压器计算阻抗

$$x_T = \frac{U_k\%}{100} \times \frac{S_B}{S_n} = 0.043\ 8 \times \frac{100}{0.4} = 10.95$$

最大运行方式：

$$I_{d12max}^{(3)} = 5.5/(Z_s + Z_2) = 5.5/1.068\ 2 = 5.148\ 8(kA)$$

最小运行方式：

$$I_{\text{d12min}}^{(3)} = 5.5/(Z_s + Z_2) = 5.5/1.076\ 16 = 5.110\ 8(\text{kA})$$

消力塘变压器低压侧短路时：

最大运行方式：

$$I_{\text{dmax}}^{(3)} = 5.5/(0.792\ 943 + 0.275\ 3 + 10.95) = 0.457\ 6(\text{kA})$$

最小运行方式：

$$I_{\text{dmin}}^{(3)} = 5.5/(0.800\ 860 + 0.275\ 3 + 10.95) = 0.457\ 3(\text{kA})$$

$$I_{\text{zd1}} = 1.3 I_{\text{dmax}}^{(3)} = 1.3 \times 0.457\ 6 = 0.594\ 9(\text{kA})$$

CT 变比：300/5，二次整定值为 9.92 A。

3）灵敏度校验

按最小运行方式下变压器高压侧出口发生两相短路校验。

$$I_{\text{d12min}}^{(3)} = 5.5/(Z_s + Z_2) = 5.5/1.076\ 16 = 5.110\ 8(\text{kA})$$

$$K_{\text{lm}} = I_{\text{d12min}}^{(2)}/I_{\text{zd1}} = 0.866 I_{\text{d12min}}^{(3)}/I_{\text{zd1}} = 7.44 > 1.5$$

2. 过电流保护

1）电流定值

过电流保护按躲过高压侧额定电流下可靠返回整定。

变压器高压侧额定电流 $I = 400 \div 1.732 \div 10.5 = 22(\text{A})$。

$$I_{\text{dz2}} = K_{\text{rel}} K_{\text{jx}} \frac{K_{\text{gh}} I_e}{K_h} = 1.2 \times 1 \times \frac{3 \times 22}{0.95} = 83.37(\text{A})$$

式中：K_{rel} 为可靠系数，取 1.2；K_{jx} 为接线系数，取 1；K_{gh} 为过负荷系数，此处取 3；K_h 为返回系数，取 0.95。

CT 变比：300/5，二次整定值为 1.38 A。

2）动作时间

$$t = 0.3\ \text{s}$$

3）灵敏度校验

按最小运行方式下变压器低压侧发生二相短路校验。

$$I_{\text{dmin}}^{(2)} = 0.866 \times 5.5/(0.800\ 860 + 0.275\ 3 + 10.95) = 0.396\ 1(\text{kA})$$

$$K_{\text{lm}} = I_{\text{dmin}}^{(2)}/I_{\text{dz2}} = 0.396\ 1/0.083\ 37 = 4.75 > 1.3$$

6.2.3.22　消力塘 1 号动力中心进线开关 11G01

进线开关保护按作为出线保护后备保护整定，作为进线开关，可以不设速断保护。

过电流保护：

（1）按与 11G02 过流保护配合，由于变比相同，整定值计算如下：

$$I_{\text{zd2}} = 1.25 \times 1.38 = 1.73(\text{A})$$

（2）动作时间。

与联络开关过流保护配合：

$$t = t_n + \Delta t = 0.5 + 0.25 = 0.75(\text{s})$$

即保证在 11G02 速断保护不动作且其近后备过流不动作时才动作。

6.2.3.23　消力塘 2 号动力中心进线开关 12G01

进线开关保护按作为出线保护后备保护整定，作为进线开关，可以不设速断保护。

过电流保护:

(1)按与 12G02 过流保护配合,由于变比相同,整定值计算如下:

$$I_{zd2} = 1.25 \times 1.38 = 1.73(A)$$

(2)动作时间。

与联络开关过流保护配合:

$$t = t_n + \Delta t = 0.5 + 0.25 = 0.75(s)$$

即保证在 12G02 速断保护不动作且其近后备过流不动作时才动作。

6.2.3.24　联络开关 11G04(12G04)

最大运行方式:

$$I_{d11max}^{(3)} = 5.5/(Z_s + Z_1) = 5.5/3.086\,06 = 1.782\,2(kA)$$

最小运行方式:

$$I_{d11min}^{(3)} = 5.5/(Z_s + Z_1) = 5.5/3.138\,7 = 1.752\,3(kA)$$

最大运行方式:

$$I_{d12max}^{(3)} = 5.5/(Z_s + Z_2) = 5.5/1.068\,2 = 5.148\,8(kA)$$

最小运行方式:

$$I_{d12min}^{(3)} = 5.5/(Z_s + Z_2) = 5.5/1.076\,16 = 5.110\,8(kA)$$

1. 电流速断保护

按作为后备保护整定,为了保证灵敏度,取两段负荷最大速断值配合。由于变比相同,整定值计算如下:

$$I_{zd1} = 1.2 \times 9.92 = 11.9(A)$$

动作时限设置为 0.25 s。

2. 过电流保护

(1)与下级过电流保护配合,为了保证灵敏度,取两段进线最小过电流值。由于变比相同,整定值计算如下:

$$I_{zd2} = 1.25 \times 1.38 = 1.73(A)$$

(2)动作时间。

11 段母线负荷动作时间最大值为 0.3 s,则联络开关过流保护动作时间应为 0.5 s。

6.2.3.25　坝用电 9 段主进线开关 9G05

1. 过电流保护

(1)按躲过额定负荷电流整定,9 段母线所带负荷额定电流按变压器高压侧额定电流计算(见表 6-11)。

表 6-11　坝用电 9 段负荷电流

开关柜编号	9G01	9G02	9G03	9G06	9G07
额定负荷电流/A	160	23.1	9.24	22	55
开关柜编号	9G08	9G10	9G11	9G12	合计
额定负荷电流/A	55	22	27.5	34.6	408.44

$$I_{dz2} = K_{rel}K_{jx}\frac{K_{gh}I_e}{K_h} = 1.2 \times 1 \times \frac{1.5 \times 408.44}{0.95} = 771.95(A)$$

CT 变比:300/5,二次整定值为 12.86 A。

按最小运行方式下变压器(1 号进水塔动力中心变压器)低压侧二相短路校验。

$$K_{lm} = I_{dmin}^{(2)}/I_{zd2} = 0.866I_{dmin}^{(3)}/I_{zd2} = 0.866 \times 0.597\ 9/0.771\ 95 = 0.67 < 1.3$$

(2)坝用电负荷估算情况。

日常负荷,9 段备用进线开关监测电流显示为 43 A。根据生产保障部提供负荷估算葱沟最大负荷电流为 160 A,三级泵站根据变压器额定电流 23.1 A 估算。

闸门启闭负荷:按最大值(孔板洞事故门)应为 132×4＝528(kW),对应电流为 34.15 A(功率因数按 0.85 计算)。如果按同时启动两个门计算,应为 68.30 A。

坝用电最大负荷估计为 43+68.3+160+23.1＝294.4(A)。

$$I_{dz2} = K_{rel}K_{jx}\frac{K_{gh}I_e}{K_h} = 1.2 \times 1 \times \frac{1.5 \times 294.4}{0.95} = 556.41(A)$$

CT 变比:300/5,二次整定值为 9.27 A。

按最小运行方式下负荷中阻抗最大变压器(1 号进水塔动力中心变压器)低压侧二相短路校验。

$$K_{lm} = I_{dmin}^{(2)}/I_{zd2} = 0.866I_{dmin}^{(3)}/I_{zd2} = 0.866 \times 0.597\ 9/0.556\ 41 = 0.93 < 1.3$$

(3)按有灵敏度整定。

$$I_{zd2} = 0.866 \times 0.597\ 9/1.3 = 0.398\ 3(kA)$$

CT 变比:300/5,二次整定值为 6.63 A。

2.动作时间

与联络开关过流保护动作时间配合,$t = 1+0.25 = 1.25(s)$。

6.2.3.26 坝用电 10 段主进线开关 10G05

1.过电流保护

(1)按躲过额定负荷电流整定。10 段母线所带负荷额定电流按变压器高压侧额定电流计算(见表 6-12)。

表 6-12 坝用电 10 段负荷电流

开关柜编号	10G02	10G03	10G04	10G06	10G08
额定负荷电流/A	68.7	22	27.5	34.6	8.8
开关柜编号	10G09	10G11	10G12	10G13	合计
额定负荷电流/A	71.07	22	23.1	160	437.77

$$I_{dz2} = K_{rel}K_{jx}\frac{K_{gh}I_e}{K_h} = 1.2 \times 1 \times \frac{1.5 \times 437.77}{0.95} = 827.38(A)$$

CT 变比:300/5,二次整定值为 13.78 A。

(2)按最小运行方式下阻抗最大变压器(2 号进水塔动力中心变压器)低压侧二相短路校验。

$$I_{\text{dmin}}^{(2)} = 0.866 \times 5.5/(0.800\,860 + 0.074\,5 + 5.088) = 0.798\,7(\text{kA})$$

$$K_{\text{lm}} = I_{\text{d2min}}^{(2)}/I_{\text{zd2}} = 0.798\,7/0.827\,38 = 0.965\,3 < 1.3$$

（3）按有灵敏度整定。

$$I_{\text{zd2}} = 0.798\,7/1.3 = 0.614\,4(\text{kA})$$

CT 变比:300/5,二次整定值为 10.23 A。

2.动作时间

与联络开关过流保护动作时间配合,$t = 1+0.25 = 1.25(\text{s})$。

6.2.4　保护整定中的思考

6.2.4.1　保护配置

水工配电系统主要为供电线路,负荷支路多采用供电线路末端直接接变压器接线。对于线路和变压器组合,考虑到供电线路距离较短,大多不超过 1 000 m,按高压变压器保护整定。这样 10 kV 配电系统保护整定分为线路保护和变压器保护两大类。

水工配电系统保护主要保护配置为电流速度保护和过电流保护,参照《厂用电继电保护整定计算导则》(DL/T 1502—2016)整定。对于短线路,按保护安装处有灵敏度整定,如坝用电至消力塘配电中心线路。对于重要负荷设置限时电流速断方案,将灵敏度系数调整为 1.5 或 2,如坝用电至葱沟配电中心线路。

母线进线断路器保护仅设置过流保护。过流保护定值整定以所带负荷为基础,在实际负荷统计资料不全时,按照变压器额定电流计算,同时考虑与分支负荷配合有灵敏度。

联络断路器保护整定参考进线断路器保护,为了保证能作为所有负荷开关保护的后备保护,采用了进线断路器最小值配合。

6.2.4.2　负荷电流确定

水利枢纽水工配电系统主要设备为供电电缆和变压器,采用供电电缆末端加变压器接线。这种接线一般将变压器作为供电电缆线路的一部分处理,供电线路设置速度保护和过电流保护。电流速断保护的整定值根据系统参数、接线元件参数和短路点确定。过电流保护的整定值根据线路供电负荷确定。

水利枢纽水工配电系统负荷电流的选择具有特殊性。水利枢纽水工配电系统负荷中闸门等间断性负荷比重较大,系统运行时大部分时间负荷电流较小。为了保证保护动作的可靠性,过电流保护整定中按最大运行方式或正常运行方式中可能出现的最大电流整定,选择负荷额定电流作为基准电流,并选用合理的可靠系数。主供电断路器过电流保护整定中,各负荷电流额定电流之和超出了供电电缆的供电能力。坝用电 9 段、10 段主用电电源供电电缆型号分别为 ZRC - YJV22(3×95) mm² 和 ZRC - YJV22(3×120) mm²,其供电能力在环境温度为 40(20)℃时载流量为 297(361) A 和 345(420) A。按照下级配电变压器额定电流计算的负荷电流分别为 408.44 A 和 437.77 A。

配电系统供电能力主要取决于系统关键节点电气设备的供电能力,如配电变压器、配电母线、电源供电电缆。在系统设计时,配电变压器、母线和供电电缆的供电能力是匹配的。在运行实践中,随着负荷增长及系统运行方式的改变,实际接入负荷可能超出配电系统供电能力,尤其是对于配电系统负荷多为间断性负荷的情况。这是水利枢纽工程配电系统继电保护整定中需要特别考虑和关注的问题。

从保护设备安全运行角度考虑,保护定值应选择供电电缆允许载流最大值。从保证系统运行安全角度考虑,应选择变压器额定电流。主供电断路器配备了过电流保护,此保护动作时间较长,应进行电缆发热校核。据有关资料表明,95 mm² 和 120 mm² 聚乙烯电缆的热稳定电流均超高 3 000 A,满足要求。在负荷电流无精确统计资料的情况下,采用变压器额定电流整定是一种快速实用的整定计算方法。

过电流保护以变压器额定负荷为基础整定,母线直接带电动机及主要负荷是电机时过负荷系数取 3,其他情况取 1.5。

6.2.4.3　多个分支并联负荷保护整定

在水工配电系统中,出现了多个负荷支路并联后接入一台断路器的情况。9G03 断路器负荷中包括多个并联分支,通风变(160 kVA)、南坝头照明变(315 kVA)、展厅箱变(500 kVA)、4 号路照明变(100 kVA)、圆梦园箱变(315 kVA)。负荷分支容量差别较大,短路电流差别也大。为了能实现对所有负荷分支的保护,应取负荷分支的最小短路电流和负荷电流分别整定速断保护和过流保护,这样将增加回路保护动作次数。考虑到分支回路变压器高压侧均配备了熔断器保护,为了保证系统运行可靠性,9G03 断路器保护整定按照分支最大短路电流和负荷电流整定。

水工配电系统中,配电中心母线进线断路器保护整定也是这类问题。按照分级配合原则,进线断路器保护应作为各分支负荷断路器保护的后备保护。在常规的线路保护分级配合中,只考虑电流方向相同的断路器保护之间的配合,即坝用电配电中心的各分支负荷保护与上级电源断路器厂用电至坝用电保护配合。这样上级电源保护和本级母线进线断路器保护都作为负荷的后备保护,这两者之间需要配合。按照就近配置原则,母线进线断路器保护应该作为负荷保护的一级后备保护(近后备保护),上级电源的保护应该作为负荷保护的二级后备保护(远后备保护)。

6.3　小浪底水利枢纽电气设备更新改造

6.3.1　闸门监控系统更新改造

6.3.1.1　闸门监控系统现状

小浪底水利枢纽闸门监控系统于 2001 年投运,可对 9 条泄洪排沙洞、1 条灌溉洞和 1 条溢洪道内的 16 扇事故闸门、16 扇工作闸门进行监视和控制。闸门监控系统包括 2 套主控兼操作员工作站、1 套网络设备和 22 套现地控制单元(闸门控制柜)。现地控制单元与上位机通过 RS-422/RS-232 方式连接,采用 CMM 通信协议。西霞院反调节水库闸门监控系统于 2008 年投运,对 21 孔泄洪闸、6 孔排沙洞、12 孔电站进水口、3 孔排沙底孔、王庄引水闸等设备进行监视和控制。西霞院闸门监控系统上位机与西霞院机组监控系统共用主机和数据库。

小浪底水利枢纽闸门监控系统投入运行已 20 多年,设备老化严重、功能简单,上位机已不能通过升级部分组件来满足正常使用需求,处于停运状态。西霞院机组监控系统改造后,上位机不包含闸门远方监视和控制功能,西霞院闸门仅具有现地操作功能。水利枢纽水工设备设施操作、状态监视停留在现地人工操作、人工定期巡检阶段。对水工闸门控制设备、坝用电设备及水泵控制设备集中监视和控制是智慧小浪底建设要求,现有的闸门监控系统无法满足水利枢纽集中监控和智慧化建设的需求。小浪底水利枢纽和西霞院反调节水库水工电气设备种类和数量较多,包含59套闸门控制设备、7套水泵控制设备、34套10 kV高压开关柜、41套400 V开关进线及联络柜、通风系统、工业电视系统等设备,现有的闸门监控系统仅对小浪底水利枢纽9条泄洪排沙洞、1条灌溉洞和1条溢洪道内的16扇事故闸门、16扇工作闸门进行监视和控制,无法对小浪底水利枢纽和西霞院反调节水库所有闸门控制设备、水泵控制设备、坝用电系统及其他辅助系统进行监视和控制,不具备可扩展性。小浪底水利枢纽闸门监控系统采用了串行通信技术组网,发电洞进口事故闸门、防淤闸门、西沟事故及工作闸门等闸门现地控制盘柜没有纳入上位机通信网络,水工区域的坝用电、水泵、通风等设施设备也无法与上位机通信。闸门监控系统未设置与调度自动化系统通信功能,无法满足调度自动化系统从闸门监控系统采集闸门开度、闸门状态、闸门位置等信息的需求。

6.3.1.2　新闸门监控系统功能

更新改造后的小浪底水利枢纽闸门监控系统将实现对小浪底和西霞院两地水工闸门控制设备、水泵控制设备、主要配电设备的集中监视和控制,同时实现与调度自动化、智慧小浪底等其他管理系统通信。小浪底水利枢纽和西霞院反调节水库闸门监控系统由集控中心、闸门现地控制单元和计算机通信网络组成。集控中心完成对各闸门及附属设备的监视和控制,同时进行系统管理,包括历史数据存档和检索、运行报表生成与打印、对外通信等。闸门现地控制单元主要完成对闸门和阀门的控制操作及与集控中心的通信。计算机通信网络将各现地单元与上位机连接起来,实现通信和控制。改造后的小浪底水利枢纽和西霞院反调节水库闸门监控系统采用分层分布式控制系统,纵向分为郑州控制端、小浪底控制端、西霞院分控端和现地控制层。横向按照生产控制区和非控制区划分,小浪底水利枢纽和西霞院反调节水库闸门监控系统部署在生产控制区的安全区Ⅰ区,水调自动化设备布置在非控制区Ⅱ区,视频及其联动系统部署在Ⅲ区,闸门监控系统在小浪底端实现与水调自动化系统对接。

闸门控制系统的网络拓扑结构为光纤双环形工业以太网加双星形网络组成的混合型网络结构。上位机系统主要包含小浪底集中监控端、西霞院分控端和郑州远程监控端三大部分及其通信网络。小浪底集中监控端部署在小浪底端,实现对小浪底及西霞院闸门、通风、水泵等设备的集中控制及配电系统状态监视,同时负责将所有闸门开度、水位等相关状态信息接入水调自动化系统,实现与视频监控系统的对接及联动功能。西霞院分控端部署在西霞院端,实现对西霞院闸门、水泵、配电系统册等设备的集中监控。郑州远程监控端部署在郑州端,通过小浪底集中监控端实现对小浪底及西霞院闸门、通风、水泵等设备的集中控制及配电系统状态监视。闸门监控系统涉及4个功能区域,分别为西霞院端闸门监控系统、小浪底端闸门监控系统、郑州远程端系统和水调自动化系统。西霞院端闸门监控系统采用2台主机兼操作员站采集现地层闸门及其附属设备数据,2台服务器之间互为主备结构设计,2台集控通信服务器负责把数据发送到小浪底端闸门监控系统,同时能接收小浪底闸门监控系统的指令。小浪底端闸门监控系统采用2台主机采集现地闸门及其附属设备数据,2台主机之间互为主备结构设计,实现数据综合计算和高级功能应用;2台历史服务器为主备结构,与磁盘阵列配合使用,实现历史数据存储和读取功能。通信服务器1和通信服务器2负责与西霞院端闸门通信机通信,实现四遥功能,2台通信机为主备结构方式。通信服务器3和通信服务器4负责把小浪底和西霞院2个闸控系统数据发送到郑州远程端,同时能接收郑州远程端对小浪底和西霞院闸门的控制指令。郑州远程闸门控制中心端部署2台通信服务器,采集小浪底端平台数据,并实现对小浪底和西霞院的控制,2台通信服务器间为主备结构。2台数据服务器采用主备结构设计,主要实现历史数据的记录及数据的综合计算。闸门监控系统在小浪底端汇聚后,通过小浪底端闸门控制系统2台调度通信服务器把小浪底和西霞院两个站的闸门数据(包括开度信息、位置信息)实时上送至小浪底水调自动化系统。小浪底水利枢纽和西霞院反调节水库闸门监控系统数据从西霞院端送至小浪底端,再通过小浪底端数据(包括西霞院)送至郑州远程端和水调自动化系统。

闸门控制系统的功能主要包括数据采集与处理、数据记录与存储、监视与报警、控制与调节、分析报表、系统自诊断与恢复、视频联动。数据采集与处理包括数字量、状态量采集处理,以及事件顺序记录。对闸门位置、水泵和风机的电气量(如电流、电压等)及非电气量(如水位、流量等)、坝用电系统的开关位置等信息进行采集处理,同时记录事件发生的时间和顺序。如当供电线路故障引起启闭机电源断路器跳闸时,电气过负荷、机械过负荷等故障发生时,进行事件顺序记录、显示、打印和存档。每个记录包括点的名称、状态描述和时标。数据记录与存储包括对实时数据记录、历史数据库建立及数据备份清理等。记录的时间间隔(分辨率)可以根据需要设置,最小时间间隔可达到1 s。记录的数据支持实时趋势曲线显示,能够在实时趋势曲线上选择显示任何一个点的数值和时间标签。系统最少能够存储30 d的历史数据,存储在监控系统公用数据库中。历史数据包括电气量及非电气量、其他各类运行、操作信息,如控制操作信息、定值变更信息、状态量变位信息、故障和事故信息、参数越复限信息和自诊断信息。闸门监控系统具备通用、灵活、开放的报表服务系统,用于生成所需要的历史数据及实时数据报表,如日报表、月报表、年报表等,报表包括闸门的开度、水位、状态、坝用电开关状态等信息。系统提供报表、文件、饼图、直方图等多样化的报表展示方式,支持从一次报表生成二次报表。监控系统实现对现地各闸/阀门及水泵、风机控制设备、公用设备、配电设备的控制和调节,完成闸门上升或下降、水泵的启停控制、通风设备的启停控制、坝用电开关的分合控制。控制权限从高到低依次为现地层、西霞院端、小浪底端、郑州远程端,控制调节的权限切换通过开关或软功能键实现,有相应的闭锁条件。原则上,上一层可以要求下一层切换控制调节权,下一层应按上一层的要求切换控制调节权,只有当下一层的控制调节权切换到上一层,上一层才能进行控制调节。监视与报警主要包括对状态变化、过程和监控系统的监视,出现异常和故障时发出报警信息。

监控系统实现了系统软硬件故障自诊断功能。在发生故障时,能保证故障不扩大,且能在一定程度上实现自恢复。监控系统自身的故障不影响被控对象的安全。站控级计算机具有硬件设备、软件进程异常,通信接口、与现地控制单元的通信、与其他系统的通信等故障的自检能力。当诊断出故障时,采用语音、事件简报、模拟光字等方式自动报警。监控系统在进行在线自诊断时不影响系统的正常监控功能。当主用设备出现故障时,系统自动、无扰动地切换到备用设备和通信系统备用通道。硬件系统在失电故障恢复后,能自恢复运行;软件系统在硬件及接口故障排除后,能自恢复运行。

小浪底水利枢纽和西霞院反调节水库闸门监控系统满足与工业电视系统联动功能。小浪底端工业电视监视小浪底闸门及坝区用电系统,实现自动推出图像功能。某个闸门或者坝用电开关操作时,视频处理机自动控制和切换摄像机取得操作设备区域图像,实现遥视与闸门控制系统联动。闸门系统现地报警时,视频处理机自动控制和切换摄像机取得报警点的图像,监控主机立即发出声音信号,同时启动硬盘录像机完成报警事件记录。

系统利用 GPS(全球卫星定位系统)/北斗或 IRIG-B(DC)码发送的秒同步信号和时间信息,向各系统和自动化装置(如闸门监控系统、调度自动化系统、微机继电保护装置、远动装置等)提供精确的时间信息和时间同步信号。时钟同步系统采用 GPS/北斗系统,实现输入多源头(北斗、GPS)、输出多制式(TTL、空接点、IRIG-B、差分、串口、网络、光纤等)、满足多设备(系统输出可以扩展,可以满足规模、方式的时间信号需求)的要求,为系统中需要接收时钟同步信号的装置及系统提供高精度、高稳定、高安全、高可靠的时间基准信号。在小浪底端设置 1 套 GPS/北斗时钟同步系统,系统采用 2 台一级主时钟装置,一级主时钟通过天线分别接收 GPS 和北斗信号,主时钟通过 NTP 模块和小浪底闸门监控系统通过网络对时。小浪底现地层下设 7 台二级扩展子时钟,二级扩展子时钟接收 2 台一级主时钟的光纤 B 码信号,扩展子时钟安装位置和汇聚交换机安装位置相同,用于现地控制设备和保护系统的对时。现地控制设备和保护设备采用 B 码或分脉冲信号进行对时。在西霞院端设置 1 套 GPS/北斗时钟同步系统,系统采用 2 台一级主时钟装置,一级主时钟通过天线分别接收 GPS 和北斗信号,主时钟通过 NTP 模块和西霞院闸门监控系统通过网络进行对时。西霞院现地层下设 4 台二级扩展子时钟,二级扩展子时钟接收 2 台一级主时钟的光纤 B 码信号,扩展子时钟安装位置和汇聚交换机安装位置相同,用于现地控制设备和保护系统对时。现地控制设备和保护设备采用 B 码或分脉冲信号进行对时。在郑州端设置 1 套 GPS 时钟系统,GPS 时钟系统采用 2 台一级主时钟装置,一级主时钟通过天线分别接收 GPS 和北斗信号,主时钟通过 NTP 模块和集控中心系统通过网络进行对时。集控中心下设 1 台二级扩展子时钟,二级扩展子时钟接收 2 台一级主时钟的光纤 B 码信号,扩展子时钟用串口信号进行对时。

闸门监控系统设置 2 套 20 kVA 不间断电源(UPS),可以在系统供电中断后提供 2 h 的备用电源。2 套 UPS 并联运行。UPS 采用 2 路 380 V 交流电源供电,可自动切换,输出为单相交流电源。

6.3.1.3 网络信息安全

小浪底水利枢纽、西霞院反调节水库闸门监控系统采用双环形网络与双星形网络组合的混合型网络结构。这种网络结构满足了地理位置分散设备控制要求,也解决了采用环形网连接组网和维护困难难题。在设备地理位置相对集中处均设置 2 台节点汇聚交换机,各节点汇聚交换机和闸门监控系统骨干网核心交换机构成双环网,各控制设备根据地理位置的不同分别以双星形网方式接入对应的节点汇聚交换机。结构复杂且承担重要功能的闸门监控系统需要满足防止外部非法入侵等网络信息安全。

闸门监控系统网络信息安全防护包括物理安全、通信网络安全、区域边界防护、主机安全、应用系统安全等。小浪底水利枢纽和西霞院反调节水库闸门监控系统具有安全防护功能，能防范黑客、病毒、恶意代码等形式的破坏和攻击，防止内部或外部用户非法访问、非法操作及非法获取信息，防止操作人员的过失影响或破坏自动化系统的正常工作。小浪底水利枢纽和西霞院反调节水库闸门监控系统安全防护的具体措施包括安全分区、纵向认证、网络专用和入侵监测、主机设备加固、内网安全审计等综合安全防护。

小浪底水利枢纽和西霞院反调节水库闸门监控系统采取有效的边界防护措施。边界防护包括纵向加密认证、横向逻辑隔离等措施。纵向加密认证是小浪底水利枢纽和西霞院反调节水库闸门监控系统安全防护体系的纵向防线，通过采用认证、加密、访问控制等技术措施实现数据的远方安全传输及纵向边界的安全防护。横向隔离用于生产控制大区与管理信息大区之间的数据交换边界防护措施，服务于安全Ⅰ区、安全Ⅱ区和安全Ⅲ区之间的数据交换。生产控制大区与管理信息大区之间的安全隔离装置需要采用经国家指定部门检测认证的电力专用横向单向安全隔离装置，隔离强度接近或达到物理隔离水平。各安全区之间隔离装置选择，不仅需要考虑网络安全强度要求，还需要考虑带宽及实时性的要求。

小浪底水利枢纽和西霞院反调节水库闸门监控系统控制区、水调系统非控制区之间通过部署安全可靠的硬件防火墙实现逻辑隔离。防火墙采用具有访问控制功能的设备或相当功能的设施进行逻辑隔离，禁止 E-mail、Web、Telnet、Rlogin、FTP 等安全风险高的通用网络服务穿越安全区之间的隔离设备。硬件防火墙可根据安全策略（允许、拒绝、监测）控制出入网络的信息流，本身具有较强的抗攻击能力。防火墙系统能限制外部对系统资源的非授权访问，以及内部对外部的非授权访问，特别是限制安全级别低的系统对安全级别高的系统非授权访问。防火墙使用经过有关部门认可的国产硬件，其功能、性能、电磁兼容性经过相关测试，具备核心数据保护系统认证。防火墙设备满足公安部颁发的《计算机信息系统安全专用产品的销售许可证》及中国国家信息安全测评认证中心颁发的《国家信息安全认证产品型号证书》要求，能满足电力生产不间断运行要求。防火墙采用专用服务器硬件和安全性高的操作系统；支持路由及交换两种工作模式；支持透明的应用层代理；支持桥模式和路由模式下的应用层过滤。防火墙在桥模式和路由模式下均可以对应用级协议进行控制，支持通配符过滤；提供灵活的访问控制功能，具备基于网络地址、通信协议、网络通信端口、用户账号、信息传输方向、操作方式、网络通信时间、网络服务等的控制；支持 IP 和 MAC 地址绑定，支持 IEEE 802.1q 的 Trunk 封装协议，支持 NTP 协议。防火墙提供不少于 4 个（10/100 Base-Tx）端口，具有实时在线网络数据监控功能。防火墙实时监控网络数据包的状态和网络流量变化，并对非法的数据包进行阻断。防火墙具有自动搜集与其相连子网中主机信息的功能，搜集的信息包括 IP 地址、MAC 地址、用户名、用户所在组等；具有安全的自身防护能力，可以实时防止多种网络攻击和扫描。当出现异常事件时，根据管理员配置，防火墙可以进行报警。防火墙具有网络嗅探功能，实时抓取网络上数据包进行解码和分析；具有完善的审计日志系统；审计日志包括事件日志和访问日志。事件日志负责记录防火墙上曾经发生过的事件（运行错误、运行信息、网络攻击、端口扫描等)。访问日志负责记录经过防火墙的网络连接并记录相关信息。防火墙具有相应的图形和报表功能;数据可以导出;日志系统支持防火墙内部和网络数据库外部两种存放方式,防火墙内部日志系统不小于 30 GB。防火墙具有物理上分离的以太网网络管理接口,保证本地管理安全;具有中文 GUI 界面,通过 GUI 能够完成全部配置、管理工作。对防火墙的管理可以划分成不同的管理权限。防火墙上的配置信息、过滤规则可以方便地下载并保存在软盘或 PC 机中,以供备份,需要时再上载或恢复。防火墙支持网络地址转换(NAT),包括静态、动态、端口转换;能够自动完成有关主机 DNS 信息的过滤转换功能;支持多播协议,同时能够对多播数据加以控制,保证网络安全。防火墙具有强大的产品升级能力;具有一次性口令用户身份认证功能,并通过标准的 RADIUS 协议支持第三方的认证,支持并发连接数≥130 000 个。

闸门监控系统内部防护措施包括禁止生产控制大区内部的 E-mail 服务,禁止控制区内通用的 Web 服务,生产控制大区禁止使用拨号访问服务和无线网络服务。允许非控制区内部业务系统采用 B/S 结构,但仅限于业务系统内部使用。允许提供纵向安全 Web 服务,但应当优先采用专用协议和专用浏览器的图形浏览技术,也可以采用经过安全加固且支持 HTTPS 的安全 Web 服务。生产控制大区重要业务的远程通信采用加密认证机制。生产控制大区内的业务系统间采取 Vlan 和访问控制等安全措施,限制系统间的直接互通。生产控制大区边界上采用入侵检测措施和安全审计措施。

闸门监控系统信息安全综合防护措施是结合国家信息安全等级保护工作要求对监控系统主机、网络设备、应用系统等多个层面进行的信息安全防护,主要包括入侵监测系统(IDS)、主机设备加固、漏洞扫描、安全审计和应用控制。IDS 对小浪底闸门监控系统网络边界和调度数据网边界进行检测,通过合理设置检测规则及时捕获网络异常行为、分析潜在威胁、进行安全审计。IDS 通过公安机关的相关认证,并配置入侵检测管理服务器。监视 I 区交换机的 IDS 探头接入 I 区入侵检测系统装置,由 I 区入侵检测管理服务器进行管理。主机加固措施主要包括闸门监控系统服务器与非控制网网络设备国产化、安装国产正版操作系统并通过对闸门监控系统所有服务器(郑州端、小浪底端、西霞院端)及网络边界处的通信网关机的主机加固实现。对于采用 Windows 操作系统的设备加装安全加固软件。加固方式采用专用软件强化操作系统访问控制能力及配置安全的应用程序,主要措施包括数字签名认证机制、账号管理、口令质量控制、文件访问控制、防止程序非法终止、程序自动权限设置、Setuid 控制-特权程序控制、网络控制服务、登录服务控制、入侵响应-系统 IPS、日志系统及设置、程序自身保护功能(Self-Security)、跨平台管理等。加固软件采用通过公安部和国网安全实验室测评并运行两年以上的国产操作系统安全加固产品。漏洞扫描通过在 I 区入侵检测服务器上安装漏洞扫描系统,根据需要对网络设备、主机系统、数据库和应用服务等计算机的漏洞进行定时或定区域扫描实现。漏洞扫描系统能够对网络设备、操作系统和数据库进行扫描,指出有关网络的安全漏洞及被测系统的薄弱环节,给出详细的检测报告,并针对检测到的网络安全隐患给出相应的修补措施和安全建议。漏洞扫描系统能够通过本机扫描插件下载的方式下载插件进行本地补丁扫描,能突破防火墙的限制获得最准确的主机漏洞信息。漏洞扫描系统可以扫描包括网络协议、主流应用程序如 Web Server 的安全漏洞;扫描对象不受主机服务器类型的限制,可以扫描 HP-UX、AIX、SUN SOLARIS、Unix、Linux、WINNT、WIN2000、Compaq TRU64 等网络操作系统和个人工作站的桌面操作系统;可以扫描主流数据库服务器,如 Sybase、SQL Server、Oracle、MySql 等。安全审计通过在生产控制大区部署安全审计系统实现,系统安装于 Ⅰ 区入侵检测服务器内。安全审计主要对网络运行日志、操作系统运行日志、数据库访问日志、业务应用系统运行日志、安全设施运行日志等进行收集、自动分析,以发现各种违规行为、病毒和黑客的攻击行为等异常情况。应用控制主要是对用户登录本地操作系统、访问系统资源等操作进行身份认证,根据身份与权限进行访问控制,并且对操作行为进行安全审计。系统服务器及存储设备均采用国产化设备,并安装运行国产安全操作系统。系统主机、操作系统、密码设备等实现基于国产密码技术的 USB Key 或指纹 Key 用户认证,满足双因子认证要求。

6.3.1.4　项目实施

小浪底水利枢纽闸门监控系统更新改造项目分三年实施完成,2020 年完成项目招标和勘测设计工作、小浪底控制中心装饰装修（含大屏幕安装）、西霞院控制室装修、西霞院上位机设备采购及安装和软件开发、小浪底及西霞院网络光缆采购及敷设。2021 年完成小浪底上位机设备采购及安装和软件开发、小浪底侧现地设备接入上位机和相关设备采购及调试、西霞院设备接入上位机和相关设备采购及调试工作。2022 年完成小浪底网络信息安全设备、软件安装调试及测评工作、郑州侧上位机设备采购、系统总集成调试及接入调度自动化系统。

闸门监控系统网络建设采用主干网络和星形网络同步建设,在具备条件时互联的建设方式。排沙洞、明流洞和孔板洞、事故闸门等现地控制单元以单网或双网方式接入对应的汇聚交换机,汇聚交换机以双环网的方式接入闸门监控系统主交换机,完成闸门监控系统现地控制设备的组网工作。闸门监控系统主干网络采用双光纤网络,完成现场敷设和连接后,将分布在各地的交换机连接起来组成了闸门监控系统网络。

网络建设和程序开发同步进行。为了保证各控制设备的顺利接入,需要被控制设备做出相应的程序配合。除闸门监控系统程序开发外,所有接入闸门监控系统的现地控制单元均需开发 PLC 和上位机的驱动程序。在 PLC 程序中需增加 PLC 信息上传和命令下发控制程序,此外还需开发编写对时的相应程序。对于采用网络方式接入监控系统的,信息上传时间不大于 2 s,命令下发执行时间不大于 3 s;对于采用串口方式接入监控系统的,信息上传时间不大于 4 s,命令下发执行时间不大于 5 s。

施工过程中,水工部积极履行行业主责任,全面参与施工过程管理,采取各项措施促进项目顺利完成。闸门监控系统涉及设备设施众多,设备设施分布范围较大,且实施过程中不能影响系统运行,保证实施过程中的安全和实施进度、质量具有一定挑战性。项目实施前召开设计联络会,联合内外部专家及相关系统专业技术人员对设计方案进行审核把关。项目开工前组织实施方进行现场勘查,制订切实可行的实施方案,并履行审批手续。完成项目开工前对施工单位人员的合同、安全和技术交底。对施工人员、材料、工具与方案的监督和要求是保证施工质量的重要措施。施工过程中加大了对施工材料、工具和工艺的检查,通过对试验的全面跟踪,严格把握验收关。对于特殊的软件系统,涉及人机界面和使用习惯问题,则进行业主和施工方联合开发,确保实施目标得到实现。监控系统的调试是检验工程实施效果的最后关口,需要制订详细的调试方案,选择合适的时机,确保安全。在完成系统接线后,按照元件、局部、静态和动态试验逐步进行。

改造完成后的闸门监控系统实现了闸门的集中监视和控制,实现了闸门控制系统与枢纽调动自动化系统的通信,完成了对配电系统、排水系统、通风系统的状态监视和控制,提升了水工设施设备的自动化程度,提升了水工运行管理现代化水平。

6.3.2　坝用电 400 V 系统开关柜改造

小浪底水利枢纽坝用电设备已经运行二十多年,陆续出现了一些设备运行不稳定、动作不可靠的现象,备件购买和厂商技术服务也日渐困难,为了进一步提升坝用电系统运行可靠性,逐步开展 400 V 系统开关柜更新改造工作。首先对系统运行影响较大的进线和联络断路器柜进线更新改造,然后分批次改造负荷开关柜。为了减小对工程运行的影响,首批开关柜改造工程分 3 期完成。2020 年度完成了进水塔 3 号动力中心、排沙洞 1 号动力中心和尾闸室动力中心 10 面开关柜更新改造,2021 年完成了进水塔 1 号和 2 号动力中心、排沙洞 2 号和 3 号动力中心 14 面开关柜更新改造,2022 年完成坝顶控制中心配电室、照明配电室、溢洪道动力中心、防淤闸动力中心、孔板洞中闸室动力中心及消力塘南北岸泵房动力中心共计 13 面开关柜的更新改造。

6.3.2.1　技术改进措施

借助新技术、新产品来提升设备系统可靠性是本轮系统设备更新改造中的主导思想,同时力争通过通信和控制技术升级来提升系统运行的安全性。低压配电系统是技术相对比较落后的系统,无集中监控、保护简单、自动化程度低是典型特点。系统重要节点的进线和联络断路器采用了固定式结构,不方便进线隔离试验和检修。断路器保护采用模拟式设置模块,调节整定精度低,无事件记录功能,不便于事后对保护动作过程及原因的分析。回路电流、电压及保护动作信息无法传送至监控室,需要现地查看。进线和联络断路器无法远方控制,操作和故障复位需要人员到现地完成。系统运行状态和异常故障情况全部依赖人员巡检发现和处理。备自投功能通过继电器组合实现,故障率高、维护量大、整定精度低是现状。这种配置已经不能满足工程运行安全、信息化和智慧化要求。通过设备更新改造提升系统运行安全性需要选择可靠的设备和完善的设计。提升系统运行效率离不开信息技术和通信技术的支撑,这也可以促进设备系统运行的安全。实现设备系统的集中监视和控制是首要任务,这结合闸门监控系统升级改造实现。对原系统设计的优化完善是设备更新改造中需要重点关注的问题。

选择国际知名品牌和一流设备是本轮设备改造的初衷,同时在设备系统设计时考虑提升设备自动化和状态监测水平。开关柜远方控制和监视功能是实现设备系统集中监控的基础,本轮设备改造增加了开关柜的监视和远方控制功能。针对开关固定式开关不便于将设备隔离进行检修试验问题,增加了开关试验和检修位置。针对保护和自动化数字化技术趋势,提出了开关保护自动装置微机化方案。针对现场设备运行环境潮湿问题,新设备选择过程中,将配电盘柜的防护等级提高至 IP54。

6.3.2.2　实施过程管理

水工配电系统 400 V 开关柜改造项目通过公开招标选择供货商和实施方。开发公司水工部作为项目管理单位,对项目实施总体负责。双方就项目实施进度、设计、供货和现场实施进行了及时沟通,积极推进项目实施。召开设计联络会对设计方案进行审核讨论,优化设计。通过设备出厂验收实现对设备制造进度和质量把关。通过实施方案审批对现场实施进度、安全、质量进行把关。实施过程中,水工部积极为项目实施创造条件,通过安全技术交底、质量见证、试验验收等管理和技术措施保证项目实施。

施工过程中,水工部积极履行行业主责任,全面参与施工过程管理,采取各项措施促进项目顺利完成。项目实施前召开设计联络会,联合内外部专家及相关系统专业技术人员对设计方案进行审核把关。项目开工前组织实施方进行现场勘查,制订切实可行的实施方案,并履行审批手续。完成项目开工前对施工单位人员的合同、安全和技术交底。水工配电系统中低压部分分布范围广,负荷众多,各动力中心联系紧密,设备更新改造中尽可能降低对工程运行的影响是主要考虑的问题。开关柜更新改造选择在汛前汛后结合设备检修进行。为了将改造设备停电隔离时尽可能减少停电范围,采取了为重要负荷单独接引临时电源的措施。对于母线连接时必须全部停电的时间进行合理安排,压缩至最短。对施工人员、材料、工具和方案的监督和要求是保证施工质量的重要措施。施工过程中加强了对施工人员的培训和安全技术交底,加大了对施工材料、工具和工艺的检查,通过对试验的全面跟踪严格把握验收关。

改造后的 400 V 开关柜采用了施耐德电气 BLOKSET 柜,提高了盘柜防护等级。新型MTZ 系列开关具备工作、试验和检修三个工位,方便检修和试验;开关配备的 MICROLOGIC 新型保护整定试验更方便,动作更可靠。新型开关保护具备友好的人机界面,且实现了对动作事件的记录,方便查找分析。改造后的 400 V 开关柜采用了微机备自投装置,备自投逻辑通过编程软件实现,整定和动作记录实现了在线存储,保护装置面板有动作指示灯和动作信息提示,查询更方便。新型开关采用模块化结构设计,可以实现对设备运行状态和健康状态的在线监测,并具备网络通信功能,为下一步实现配电设备的集中监视控制和状态分析奠定了良好的基础。

6.3.2.3　关键技术应用

1. 断路器

Masterpact MTZ 空气断路器是智能化产品,实现了对控制对象的监测保护、故障预警和自诊断及与上下级系统的通信,可以用于构建智能、安全、可持续的配电系统。断路器内置精准的 1 级电能测量功能,为节能增效提供监测支持。断路器配备带 LED 显示的Micrologic™ X 控制单元,实现断路器控制保护的直观展示和互动。断路器具备无线连接功能,借助 EcoStruxure Power Device 移动应用通过智能手机获取报警和维护信息。具备网络通信功能,可以实现与配电系统高级管理功能系统的连接。断路器采用模块化设计,通过数字模块轻松实现功能定制。

MTZ 断路器按照额定电流分为 3 类,MTZ1 系列额定电流为 630~1 600 A,MTZ2 系列额定电流为 800~4 000 A,MTZ3 系列额定电流为 4 000~6 300 A。小浪底坝用电系统选用了 MTZ1H2 型和 MTZ2H1 型断路器。断路器分断时间为 25 ms,闭合时间小于 50 ms。断路器分断电流分别为 50 kA 和 66 kA,0.5 s 耐受电流为 42 kA 和 66 kA。断路器额定闭合容量为 105 kA。断路器机械操作寿命可以达到 25 000 次和 40 000 次,电气寿命达到 6 000 次。

MTZ 断路器包括固定式和移动式,小浪底坝用电系统选择了移动式,包括工作、试验和检修三个位置。断路器操作包括远方、现地和本体操作三种方式。远方操作接受集中监控系统和外部保护的控制,现地操作通过配电柜上分合闸按钮实现,这两种方式可以实现不同断路器之间的连锁。本体操作不受外部连锁条件控制,直接进行断路器的分闸合闸操作,可以用于紧急操作。断路器储能后能完成一个分闸—合闸—分闸循环,带电情况下可以自动电动储能,失电情况下可以通过面板把手手动储能。

2. 断路器控制保护

小浪底坝用电系统 MTZ 断路器配置 Micrologic 6.0X 控制单元,具有测量、诊断、保护和通信功能。控制单元处理和储存的信息有三种展示方式:通过嵌入式液晶显示屏展示、通过蓝牙和 NFC 连接智能手机、通过 USB 连接 PC 维护终端。控制单元可以通过专用的接口模块 IFE 和 EIFE 实现与以太网通信。Micrologic 6.0X 控制单元具备过载和短路保护,可以设置瞬时、短延时、长延时和接地保护。控制单元的集成测量模块可以实现优化电能管理需要的测量参数。

长延时保护用于电缆、母线、母线槽的过载保护。它基于电流有效值,独立作用于每相和中性极。这种保护是具有热记忆的过流延时保护。其运行原理就像检测发热和冷却的导体,脱扣后继续进行导体的冷却计算。宽范围的设置使得长延时保护还可用于变压器和发电机的保护。Micrologic 6.0X 控制单元长延时电流保护整定值 I_r 的设定范围为 $(0.4\sim1)I_n$,整定时间为 $0.5\sim24$ s,保护在 $(1.05\sim1.2)I_r$ 之间脱扣。

短延时保护用于相间短路、相位和中性极间短路、相对地短路的保护。它基于电流有效值,包括两个取决于 I^2t 设定的保护特性:I^2t 处于 OFF 状态时,选择为定时限,一旦电流超过设定值 I_{sd},则会按照设定时间 t_{sd} 立刻保护脱扣;I^2t 处于 ON 状态时,选择为反时限,在 $10I_r$ 以下会以反时限方式延时特定的时间保护脱扣,在 $10I_r$ 之上为定时限。Micrologic 6.0X 控制单元短延时电流保护整定值 I_{sd} 的设定范围为 $1.5I_r\sim10I_r$,整定步长为 $0.5I_r$,整定时间分为 $0\sim0.4$ s 共 5 挡,$10I_r$ 动作时间为 $80\sim500$ ms,复归时间为 $20\sim350$ ms。

瞬时保护用于相间短路、相与中性极间短路、相对地短路的快速保护。它拥有特定的保护时间特性,一旦电流超过设定值 I_i 就会立即脱扣。该保护提供了 2 个典型的可选择断路时间:标准最大分断时间为 50 ms,用于需要选择性的场合,安装于 Masterpact 下级的 Compact NSX 断路器可确保完全选择性,快速最大分断时间为 30 ms,用于不需要选择性但需限制对设备热冲击的场合。瞬时电流保护整定值 I_i 的设定范围为 $2I_n\sim15I_n$,整定步长为 $0.5I_n$,标准动作时间为 50 ms,复归时间为 20 ms;快速动作时间为 0 ms,复归时间为 30 ms。

接地故障保护可以在以下 2 种情况下实现:通过计算三相电流和中性线电流的矢量和;通过安装在电缆附近的外部互感器(SGR)检测变压器中性点接地线。Micrologic 6.0X 和 SGR 互感器的连接通过 MDGF 模块。基于 I^2t 的不同设置,该保护有两种保护特性:当 I^2t 处于 OFF 状态时,选择为定时限,一旦电流超过设定值 I_g,则会按照

设定时间 t_g 立刻保护脱扣；当 I^2t 处于 ON 状态时，选择为反时限，在 I_n 以下会以反时限方式延时特定的时间保护脱扣。在 I_n 之上为定时限。接地故障保护 I_g 的设定范围为 $0.2I_n \sim 1I_n$，整定步长为 $0.1I_n$，标准动作时间为 $80 \sim 500$ ms，复归时间为 $20 \sim 350$ ms。

3. 断路器监视

Micrologic X 可监控断路器的健康状况，并生成相应的信息，帮助用户安排定期检查，如果有需要的话，还可以预估更换设备时间。大多数起作用的断路器机械和电气元件及控制单元都被监控着。一旦发现需要维护人员干预的内部故障或错误，就立即发出警告和报警。建立在对参数和断路器性能的监控基础上（例如操作的次数、合闸和分闸的时间），当达到极限值或超过极限值时，就会发出警报和警告，建议操作员进行维护。Micrologic X 监控几个参数，计算断路器的老化情况（例如负载值、触头磨损、生命周期指示）。基于这些参数的值，算法识别是否需要维护或替换。Micrologic X 控制单元连续检查断路器跳闸线圈（MITOP）的电气连续性，发生故障时会产生报警。任何上述保护发生脱扣后，会在分闸位置锁定断路器，直到手动或自动复位。上述保护的任何操作都会激活 SDE 故障脱扣指示触点，用以发送信号或与其他设备联动跳闸。SDE 故障脱扣指示触点会始终保持闭合，直到断路器被手动或是电气复位。

所有包含相关分析信息的脱扣事件都被记录在脱扣历史记录中。脱扣历史记录中的每一次脱扣（除最后一次），包括导致脱扣的保护类型、故障脱扣的日期和时间等信息。最近的 50 次脱扣事件可以通过 PC 运行 EcoStruxure Power Commission 调试软件或 EcoStruxure Power Device 移动应用通过蓝牙查看。这 50 次脱扣事件也可以通过 EHMI 访问。此外，Micrologic X 同时记录在故障脱扣前测量的最后一组电气参数值（电压、电流、频率、不平衡电流和电压），在断路器脱扣前的故障中电流（相电流、中性线电流和接地电流），保护设定值。当断路器分闸且 Micrologic X 未通电时，可通过 NFC 无线通信连接获取最近一次脱扣信息。

Micrologic X 控制单元前部有 5 个 LED 指示灯用于保护动作信息提示。第 1 个指示灯是双色灯，分别表示两种预警/报警功能。当 $I > 0.9I_r$ 时，预警指示灯变橙色，当 $I > 1.05I_r$ 时，报警指示灯变红色。第 2 个 I_r 指示灯用于过载长延时保护，脱扣时指示灯变红色。第 3 个 I_{sd}/I_i 指示灯用于短延时和瞬时保护，脱扣时指示灯变红色。第 4 个 $I_g/I\Delta n$ 指示灯用于接地故障和接地漏电保护，脱扣时指示灯变红色。第 5 个 Op 指示灯用于可选数字模块提供的高级保护。当任意可选高级保护脱扣时指示灯变红色。在没有按测试/复位按钮的情况下，故障指示灯在脱扣之后可以持续亮 4 h。4 h 后若还未复位，可以通过按测试/复位按钮使脱扣指示灯恢复工作。正常操作情况下，电池可以提供 LED 工作大约 10 年的时间。

Micrologic X 保护可以通过嵌入式液晶显示屏、智能手机的蓝牙或运行 EcoStruxure Power Commission 调试软件连接 PC 来进行设定。EcoStruxure Power Commission 调试软件允许设定和检查保护，下载当前设定并上传新设定，检查断路器的运行情况，检索并显示 Micrologic X 处理的所有测量、报警、警告、诊断信息，生成和存储报告。此外，对于 Micrologic 6.0X 和 Micrologic 7.0X，可以通过按下位于 USB 连接器上方的测试按钮来检查接地故障的操作和漏电保护。

任何设定更改记录在专用的日志中,包括设定更改的日期和时间,之前设定和当前(最新)设定。即使断路器断开且 Micrologic X 未通电,当前设定和设定更改的最后日期也可以通过 NFC 无电源无线连接读取。通过 Micrologic X 嵌入式液晶显示屏的配置菜单可以选择启用或禁用嵌入式液晶显示屏方式更改保护设定,以及从外部智能手机通过蓝牙或 PC 运行 EcoStruxure Power Commission 调试软件更改保护设定。从外部更改保护设定具有密码保护。

4. 事件管理

MTZ 断路器的控制单元提供事件管理功能,在 Micrologic X 处理的所有功能中,整理定义出事件列表可用于用户警报通知并跟踪。这些事件都带有时间标识并记录在非易失性存储器中。MTZ 断路器将事件分为七个类别:脱扣、保护、诊断、测量、配置、操作和通信,并对事件的严重程度进行了高级别、中级别和低级别区分。无论其严重性如何,都会记录所有事件,包括低级别事件。所有历史记录都有一个预先定义的最大容量,当历史记录已满时,每个新事件将覆盖最旧的事件,其他历史保持不变。

MTZ 监测到的事件可以通过多种方式发出通知。重要事件会在嵌入式液晶显示屏上生成一个带有红色背光的弹窗,中等事件会在嵌入式液晶显示屏上生成一个带有橙色背光的弹窗。所有事件都可单独或打包发给数字输出,所有事件都可以通过 EIFE 或 IFE 通信接口触发电子邮件,可以通过嵌入式液晶显示屏、PC 或智能手机读取高等和中等事件,所有历史记录中的事件都会被显示在嵌入式液晶显示屏上、PC 上和智能手机上。事件可以按时间顺序显示,可以根据日期和时间、重要性、类别选择分类排序。

MTZ 的事件管理功能可以帮助运维管理人员实现预防电源中断和快速恢复供电。

Micrologic X 控制单元可提供信息用以辅助维护。这些信息包括断路器的序列号和组成、安装在断路器上的可选配件、备件的订货号、故障类型或事件记录。Micrologic X 控制单元配备有一个运行健康 LED 灯,用来展示断路器的整体健康状况。这个 LED 灯以"扳手"的形态表示,有三个状态。不发光状态表示该装置在良好的工作状态下,橙色状态提示需要非紧急处理(例如触点磨损超过 60%)。红色状态提示需要立即处理(例如触点磨损超过 100%、脱扣故障、控制单元故障等)。根据 Micrologic X 控制单元处理和提供的信息可以制订维修计划,包括协助维护、断路器健康状态、断路器诊断等。嵌入式液晶显示屏上会显示相关的警告和警报,警告是橙色背光,警报是红色背光。可以通过智能手机无线连接蓝牙或 NFC,PC 运行 EcoStruxure Power Commission 调试软件,Smart Panels 的 FDM128,IFE 和 EIFE 通信模块的以太网连接获取信息。当 Micrologic X 控制单元未通电,关于脱扣警报的相关信息仍然可以使用智能手机通过 NFC 通信来获取。这些信息包括分合闸记录、分合闸失败记录、分合闸线圈的状态、分合闸次数记录、储能电机的储能时间和次数记录、脱扣记录、脱扣状态、互感器和通信诊断信息。

Micrologic X 控制单元可提供信息用以辅助快速恢复供电。控制单元提供脱扣诊断信息,包括脱扣故障定位、脱扣原因、脱扣前的波形及脱扣期间的信息,根据这些信息可以快速实现故障定位和处理,快速恢复供电。配套的数字模块可以配合移动应用实现辅助重合闸和辅助恢复供电。

5. 备用电源自动投入

备用电源自动投入(备自投)是提高供电可靠性的重要技术。改造后的备自投采用了微机备自投装置,实现了简化接线、调试设置微机化、事件记录查询和通信功能。微机备自投采用32位高速DSP数字信号处理技术,主频高达150 MHz。微机备自投采用数字光耦合技术,改变了光耦合常导通工作方式,有效减弱了发热量,提升了抗暂态干扰能力。微机备自投通过图形化可编辑逻辑软件实现备自投功能。微机备自投通过面板显示屏和控制键实现信息查询、定值设置、参数设置,并设有报警和重要信息提示指示灯。微机备自投提供多种通信方式,支持双网口 IEC61850 通信。

微机备自投可以实现分段备自投和进线备自投两种模式,具备自复功能。

分段备自投控制 2 段母线进线断路器和母联断路器。当进线 1 电源失电且无流后,备自投延时断开进线 1 断路器,延时合上联络断路器,实现电源 2 为 2 段母线供电。当进线 1 电源来电后,备自投延时断开联络断路器,延时合上进线 1 断路器,实现 2 路电源为 2 段母线供电。当进线 2 电源失电且无流后,备自投延时断开进线 2 断路器,延时合上联络断路器,实现电源 1 为 2 段母线供电。当进线 2 电源来电后,备自投延时断开联络断路器,延时合上进线 2 断路器,实现 2 路电源为 2 段母线供电。

进线备自投控制母线的两路进线断路器。当进线 1 电源失电且无流后,如果电源 2 有电,备自投延时断开进线 1 断路器,延时合上进线 2 断路器,实现电源 2 为母线供电。当进线 1 电源来电后,备自投延时断开进线 2 断路器,延时合上进线 1 断路器,实现电源 1 为母线供电。一般设定电源 1 为主用电源。

备自投定值修改、信息查询可以通过 PC 维护终端实现。将带有调试软件的 PC 维护终端与备自投装置连接,打开相应程序,找到需要设定的参数逻辑继电器,修改相应参数,保存并重新传送程序。备自投应用过程中需要设定合理的电源电压定值、电源电流定值和断路器动作延时,这些定值设定通过 PC 维护终端修改相应的程序中的逻辑继电器 R 实现。

6.3.3 现地控制盘柜更新改造

水工设施现地控制盘柜包括闸门现地控制盘柜、排水系统控制盘柜和通风系统控制盘柜。闸门、排水和通风系统现地控制盘柜采用常规的继电器、接触器控制回路,系统设备启闭和启停操作频繁,运行环境潮湿,控制回路元件故障率高,不利于系统安全可靠运行。为了提升设备运行可靠性和安全性,逐步对运行年限长、可靠性低的控制盘柜进行更新改造。新电气控制盘柜采用 PLC 和变频控制器、软启动器等新产品和新技术实现对闸门启闭设备启停控制的优化,并增加纯手动控制回路和各类安全保护功能,可有效提升闸门等设备控制的安全性。2014 年开始分阶段对闸门现地控制盘柜进行更新改造。2019 年 6 月完成 9 套泄洪系统事故闸门和 9 套泄洪系统工作闸门控制柜的更新改造工作。2021 年 5 月继续更新投运年限久、设备安全可靠性低的 25 套闸门、水泵控制盘柜。截至 2021 年 11 月,已完成了灌溉洞供水支洞工作闸门、1 号~6 号尾水防淤闸门、灌溉洞事故闸门、西沟坝事故闸门、西沟坝拦污栅、西沟坝工作闸门、2 号和 3 号机组发电洞进口事故闸门等 13 套闸门电气控制盘柜更新改造,2022 年完成其余闸门水泵的电气控制盘柜更新改造。

6.3.3.1 闸门控制系统

小浪底水利枢纽系统共有各类闸门控制系统 38 套,供水闸门控制系统 2 套,水泵、通风、直流、阀门等现地控制系统 10 套。10 kV 系统、400 V 系统和直流系统通过单网和闸门监控系统公用 LCU 内的通信交换机相连,通过 PLC 进行通信采集后,以双网的方式接入监控主网。现地控制系统基本控制功能主要包括提门、落门、停门及目标开度设置,对于液压闸门系统还设有下滑 200 cm 自动提门、下滑 300 cm 自动提门复位的控制功能。现地控制系统具备闸门特殊控制安全保护功能,分述如下。闸门全开/全关状态判断:结合闸门开度、电气限位装置、机械限位装置综合判断,并具有防误处理流程(闸门全开/全关时强制停门)确保电气设备安全。闸门卡滞保护功能:在闸门动作过程中实时监测闸门开度速度调节,当闸门开度变化速度小于设定值 1(设定值可在计算机监控系统调整)时报警停门,该保护功能可在计算机监控系统进行单对象投/退。闸门卡阻保护功能:该功能结合闸门卡滞保护功能使用,闸门长期不运行后由于淤泥导致闸门卡阻,动门时由程序控制自动多次点动闸门(点动次数、时长可在计算机监控系统调整),如多次点动后闸门开度变化速度仍小于设定值则报警停门,该保护功能可在计算机监控系统进行单对象投/退。闸门失速保护功能:在闸门动作过程中实时监测闸门开度变化速度,当闸门开度变化速度大于设定值 2(设定值可在计算机监控系统调整)时报警停门,该保护功能可在计算机监控系统进行单对象投/退。闸门动作超时保护:闸门移动至指定开度所需时间超过正常时长时报警停门,其中超时保护时间具有动态判断时间自动计算功能,避免按照最大行程时间计算导致保护作用下降,该保护功能可在计算机监控系统进行单对象投/退。闸门荷重保护功能:该功能主要针对卷扬闸门,闸门提升过程中荷重>110%时报警停门(判断信号增加滤波功能),闸门降落过程中荷重<90%时报警停门(判断信号增加滤波功能,同时排除闸门关闭到位的情况),该保护功能可在计算机监控系统进行单对象投/退。闸门目标开度设定值有效性保护:目标开度控制在设定值与实测值之差>5 cm(设定值可在计算机监控系统调整)认为设定值有效,否则报警并退出控制流程。闸门控制指令优先级判断:开门、提门、目标开度控制指令控制级别相同,这三个有任意一个流程在执行过程中,则闭锁其他控制执行。停门控制指令控制级别高于前面三种,收到停门控制令后终止已在执行的前三种控制并停门。双吊点闸门自动纠偏功能:该功能主要针对液压闸门,一般配有 2 套开度测量装置,由控制系统通过调节液压回路纠偏阀来控制左右油缸伸缩臂速度,以此控制左右侧闸门开度偏差在允许范围内,开度偏差超出控制范围时需报警停门。卷扬电机反转保护:卷扬闸门在提门和落门之间的控制切换增加延时,避免卷扬电机运行过程中瞬间反转对电气设备造成损害。控制方向保护功能:当闸门开启时每隔 5 s(设定值可在计算机监控系统调整)进行一次开度值比较,如果开度值下降,则报警退出流程。当闸门关闭时每隔 5 s(设定值可在计算机监控系统调整)进行一次开度值比较,如果开度值上升,则报警退出流程。

6.3.3.2 水位报警系统

水淹进水塔是重大安全生产风险,增强预警能力建设是降低风险的必要有效措施,增设进水塔水位报警系统是主要工程措施。小浪底水利枢纽进水塔 EL.184、EL.189 廊道位于进水塔最底部,其中 EL.184 廊道长约 120 m,EL.89 廊道长约 145 m,两个廊道中密布着排沙洞、孔板洞事故闸门和检修闸门的充水平压系统、高压冲沙系统管道。小浪底进水塔高水位监测报警系统包括水位监测装置、声光报警装置和集中控制盘柜。EL.184、EL.189 廊道设有 6 个液位浮球开关、6 个声光报警器和 1 个端子箱;EL.276 廊道设有 3 个声光报警器。进水塔 2 号动力中心设置 1 面 EL.184、EL.189 廊道高水位监测报警控制柜,实现对 EL.184、EL.189、EL.276 廊道内 6 个电缆浮球开关、9 个声光报警器的集中控制。当廊道内水位高于廊道排水沟时,任一浮球开关动作,信号通过安装在 EL.189 廊道内的端子箱传输至高水位监测报警系统控制盘中的 PLC 输入模块,信号经 PLC 处理,通过 PLC 开出模块和中间继电器使安装在 EL.184、EL.189、EL.276 廊道内的 9 个声光报警器同时发出报警信号,从而实现高水位监测报警功能。高水位监测报警控制系统通过以太网实现与闸门监控系统通信,将高水位监测报警控制系统采集的相关信息上送至闸门监控系统并接收来自闸门监控系统的控制命令。当浮球开关发出动作信号时,高水位报警控制柜上相应的指示灯亮。控制盘上设有复归按钮,用于复归报警信号。当 EL.184、EL.189 廊道浮球开关动作,声光报警器动作发出信号,按下复归按钮,声光报警器停止动作。若 EL.184、EL.189 浮球开关没有复归,此时恢复复归按钮,声光报警器依然发出报警信号。西霞院排水系统水位监测报警系统同步实施,2021 年 4 月 26 日小浪底进水塔水位报警系统安装完成投入运行,8 月 2 日西霞院反调节水库水位监测报警系统完成施工并投入运行。

6.3.3.3 通风控制系统

通风控制系统完成通风系统各类风机信号采集、监视及集中控制。各风机现地控制箱通过硬接点将风机运行、故障等信号接入进水塔通风系统控制柜,并接收进水塔通风系统控制柜发出的控制命令。进水塔通风系统根据各风机地理位置布置组态显示其运行状态、故障等信号,统计各风机启动次数、运行时间,并根据需要设置风机定时启停(定时时间可设置)及自动轮换启停。进水塔通风系统通过以太网实现与闸门监控系统通信,将通风系统采集的相关信息上送至闸门监控系统并接收来自闸门监控系统的控制命令。通风控制系统包括进水塔通风控制系统和中闸室通风控制系统。

进水塔 EL.276.5 高程 1 号进水塔和 3 号进水塔处设置 2 台离心式送风机,通过 1 号进水塔和 3 号进水塔的楼梯井通风道向地下廊道送风。1 号进水塔 EL.195 处和 3 号进水塔 EL.190 处各设置一台混流风机将新鲜空气通过送风口分别送至 EL.184 廊道、EL.189 廊道、EL.200 充水平压廊道和 EL.189 集水井泵房等。在 EL.189 廊道通向 EL.184 廊道楼梯间和在通向 3 个充水平压廊道楼梯间底部安装 6 台轴流式通风机、8 台轴流式通风机、4 台轴流式通风机补充风量,以克服沿程压力损失。在 2 号进水塔 EL.195 处设置一台混流风机,通过风管和排风口,将地下廊道污浊的空气通过排风口排至 2 号进水塔楼梯井通风道内,并在 2 号进水塔 EL.270.44 处安装一台离心风机,最终将空气排至室外。在 1 号、2 号、3 号明流塔通风位置处分别设置一台离心通风机。

中闸室位于小浪底大坝右岸下游侧的 2 号排水洞内,内部设有 1 个动力中心、3 个孔板洞工作门启闭机室及其附属设备。中闸室通风系统在 3 个孔板洞工作门启闭机室内设置 3 台 15 kW 的混流式风机,其中 1 号孔板洞和 3 号孔板洞工作门启闭机室顶部的风机进风,中间 2 号孔板洞工作门启闭机室顶部的风机出风。孔板洞动力中心门口及 2 号电梯与 2 号孔板洞工作门之间的廊道顶部各增设 1 台 5 kW 混流式风机,配合 1 号孔板洞号和 3 号孔板洞工作门启闭机室顶部的风机向中间 2 号孔板洞工作门启闭机室顶部送风。在 3 个中闸室启闭机室内各装设 1 台湿度检测仪。在 1 号电梯负 2 层、3 号电梯负 3 层的电梯口及孔板洞动力中心、2 号孔板洞、3 号孔板洞工作门处增设除湿机 6 台。每台风机设有 1 台现地风机控制按钮箱,6 台风机共用 1 个集控柜。

6.3.4　设备更新改造时机确定

设备更新改造是提升设备和系统可靠性的重要手段,设备更新改造时机问题是进行设备更新改造决策时需要重点考虑的问题。目前,主要根据设备运行情况和备件供应情况选择设备更新改造时间,缺少进行定量分析的工具和手段。设备更新改造时机确定应结合设备可靠性评估进行。

6.3.4.1　设备可靠性度量

设备可靠性度量有故障率、平均故障间隔时间和可用度三种表示方法。

设备可靠性可以通过故障率(Failure rate)λ 来衡量。故障率有两种表示方法,一是批量产品中发生故障产品的比率;二是指定运行时间内发生故障的次数。对于运行期设备故障率的衡量采用后一种表示方法。故障率变化在设备全寿命周期内可以分为 3 个阶段:寿命早期、正常寿命期和寿命晚期。寿命早期设备故障率出现快速减小,正常寿命期设备故障率较低且相对稳定,寿命晚期设备故障率快速增加。设备全寿命周期故障率变化如图 6-18 所示。

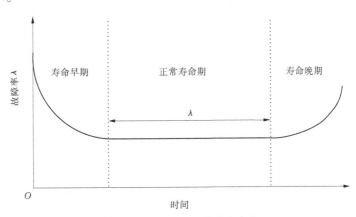

图 6-18　设备全寿命周期故障率变化

从全寿命周期看,设备故障率是随时间变化的,其概率密度常用威布尔分布函数来表示:

$$f(t) = \frac{\beta}{\eta^{\beta}}(t-\gamma)^{\beta-1}\exp\left[-\left(\frac{t-\gamma}{\eta}\right)^{\beta}\right] \tag{6-5}$$

式中包含了三个参数:形状参数 β、比例参数 η 和原始参数 γ。γ 是保证寿命时间常数,指故障开始出现的时间,此后故障率才从 0 开始增加,常出现在损耗型故障概率密度函数中。形状参数 β 描述故障率概率密度函数形状,β 小于 1 属于早期故障期,近似为 1 则属于正常使用(偶发)故障期,大于 1 认为是寿命后期故障高发期。比例参数 η 是特征寿命参数,指从保证寿命时间至故障率为 63.2% 的时间段。

设备平均故障间隔时间 MTBF(Mean Time Between Failures)是设备两次故障发生间隔时间的平均值。

设备平均首次故障时间 MTTF(Mean Time To Failure)指设备第一次故障发生时设备运行的时间,它可以表示为

$$MTTF = \int_0^{t_1} R(t)\,dt \tag{6-6}$$

设备平均故障修复时间 MTTR(Mean Time To Repair)一般用故障修复率 μ 的倒数来表示。故障修复率用单位时间内评价故障修复次数来表示。

设备可用度 Availability 可以表示为

$$A = MTTF/(MTTR + MTTF) \tag{6-7}$$

6.3.4.2 设备可靠性计算

设备可靠性随时间增长而降低,可以表示为

$$R(t) = 1 - \int_0^T f(t)\,dt \tag{6-8}$$

设备正常使用寿命期,故障率相对稳定且较低,设备故障发生的概率随时间变化可以用指数函数来描述。假设设备故障率 λ 恒定不变,设备故障概率密度函数可以表示为

$$f(t) = \lambda e^{-\lambda t}(t > 0) \tag{6-9}$$

设备发生故障的概率随时间变化可以表示为

$$F(t) = \int_0^\infty f(t)\,dt = \int_0^\infty \lambda e^{-\lambda t}dt = 1 - e^{-\lambda t} \tag{6-10}$$

设备可靠性与故障率的关系可以表示为

$$R(t) = 1 - F(t) = e^{-\lambda t} \tag{6-11}$$

当 λt 很小时,$R(t) = 1 - \lambda t$。

则平均首次故障发生时间

$$MTTF = \int_0^\infty R(t)\,dt = \int_0^\infty e^{-\lambda t}dt = \frac{1}{\lambda} \tag{6-12}$$

式中:MTTF 是指在不维修情况下首次出现故障的时间。

系统平均故障间隔时间 MTBF 与故障率的关系可以表示为

$$MTBF = \int_0^\infty R(t)\,dt = \int_0^\infty e^{-\lambda t}dt = \frac{1}{\lambda} \tag{6-13}$$

一般情况下,故障率 λ 足够小,则设备可靠性与故障间隔时间的关系为

$$R(t) = 1 - \lambda t = 1 - t/MTBF \tag{6-14}$$

6.3.4.3 系统运行可靠性计算

系统运行可靠性取决于系统设备可靠性和系统结构。提高系统运行可靠性的措施包括提高系统组成设备可靠性、减少系统组成的设备数量和采用备用冗余结构。系统组成的两种基本方式为串联结构和并联结构,这两种结构的可靠性计算方法如下。

串联结构的可靠性:

$$R_s = R_1 R_2 \cdots R_n \tag{6-15}$$

式中:R_s 为系统可靠性;$R_1, R_2, \cdots, R_n$ 为串联设备的可靠性。

并联结构的可靠性:

$$R_s = 1 - (1 - R_1)(1 - R_2) \cdots (1 - R_n) \tag{6-16}$$

式中:R_s 为系统可靠性;$R_1, R_2, \cdots, R_n$ 为并联设备的可靠性。

复杂系统可靠性计算可以分解简化为串并联结构计算。

含备用冗余设备的系统可靠性:

$$R_s = R_m + R_b(1 - R_m) \tag{6-17}$$

式中:R_s 为系统可靠性;R_m 为主用设备(分系统)可靠性;R_b 为备用设备(分系统)可靠性。

6.3.4.4　设备更新改造时机确定

设备更新改造时机应选择设备可靠性降低至不可以接受时进行,工程实际应用中还应当考虑设备更新改造实施的时间,包括设备更新改造立项审批时间、设备采购时间、设备更新改造实施时间。

运用中的设备可靠性可以按照正常使用期考虑,此时设备故障率是一个较小的恒定不变的数值,设备可靠性随时间的变化服从指数变化规律。

理论上认为设备可靠性降低至 50% 时将是一个难以接受的时间。为了保证设备较高的可靠性,可以考虑将设备平均故障时间作为设备更新改造的时间,此时的设备故障率为

$$F(t) = 1 - e^{-\lambda_1 / \lambda} = 1 - e^{-1} = 0.632 \tag{6-18}$$

设备可靠性　　　　　　　　$R(t) = 1 - F(t) = 0.368$

冗余系统可靠性

$$R_s = R_m + R_b(1 - R_m) = 0.368 + 0.368 \times (1 - 0.368) = 0.601$$

设备故障率可以根据出厂测试情况确定,用同一批次产品中故障产品数量表示,但此数据很难查到。设备运用过程中可以根据设备首次出现故障的时间来确定。小浪底水利枢纽坝用电 400 V 系统在 2000 年投入运行,15 年后其主要电气设备断路器陆续出现了设备故障情况,断路器故障率 $\lambda = 1/\text{MTBF} = 1/15 = 0.067$。

坝用电 400 V 系统为冗余备用系统,系统可靠性降为 0.5 的时间计算过程如下。

含备用系统的可靠性 $R_s = R_m + R_b(1 - R_m)$。系统采用统一类型设备,可靠性相同,则有

$$R_s = R_m + R_b(1 - R_m) = 2R - R^2 = 0.5 \tag{6-19}$$

此时设备可靠性 $R = 0.293$,对应的时间:

$$t = -\ln R / \lambda = -\ln 0.293 / 0.067 = 18.32(\text{年})$$

系统可靠性降为 0.632 时,设备可靠性 $R = 0.393$,对应时间为 13.94 年。

附　录

2 号孔板洞事故闸门运行参数

序号	运行状况	运行时间/时:分	运行速度/(m/min)	闸门开度/m	荷重/t	变频器	运行频率/Hz	直流母线电压/V	输出电压/V	输出电流/A	输出功率/W
1	A门从0 m提升至1 m	14:03-14:07	0.4	0.25	8.48	A门1号	10	539.7	75.5	105.4	4.8
						A门2号	10	539.6	75.5	107.8	4.9
				0.43	166.28	A门1号	10	534.9	76.4	120.5	8.7
						A门2号	10	534.8	76.4	122.5	8.8
2	双门从1 m提升至5 m	14:08-14:18	0.4	3.0	166.28	A门1号	10	532.7	76.5	119.5	8.5
						A门2号	10	532.6	76.6	121.7	8.6
				2.94	167.81	B门1号	10	531.8	76.6	117.8	8.8
						B门2号	10	531.3	76.6	118.1	8.7
				4.96	168.06	A门1号	10	532.5	76.5	110.2	8.7
						A门2号	10	532.5	76.6	122.5	8.7
				4.89	169.20	B门1号	10	531.7	76.7	118.8	9.0
						B门2号	10	531.3	76.6	118.7	8.8
3	双门从5 m提升至8 m	14:18-14:21	1.01	5.26	167.12	A门1号	25.2	528.4	190.0	122.8	21.1
						A门2号	25.2	528.3	190.0	125.4	21.3
				5.19	169.61	B门1号	25.2	527.4	189.9	120.9	21.5
						B门2号	25.2	526.5	189.7	121.2	21.2

续表

序号	运行状况	运行时间/时:分	运行速度/(m/min)	闸门开度/m	荷重/t	变频器	运行频率/Hz	直流母线电压/V	输出电压/V	输出电流/A	输出功率/W
4	双门从8 m提升至10.3 m	14:21—14:22	1.51	8.57	166.16	A门1号	37.7	524.9	282.7	124.5	31.3
						A门2号	37.7	524.9	282.7	126.5	31.4
				8.50	166.74	B门1号	37.7	524.1	282.7	123.4	32.5
						B门2号	37.7	523.6	282.3	123.2	31.7
5	双门从10.3 m提升至22 m	14:22—14:29	1.8	10.54	162.35	A门1号	45.0	523.4	337.4	125.7	37.8
						A门2号	45.0	523.3	337.4	127.9	37.9
				10.47	166.52	B门1号	45.0	522.6	337.1	123.1	38.1
						B门2号	45.0	522.1	336.7	123.3	37.3
6	双门从22 m下降至1 m	14:30—14:43	1.8	15.05	172.49	A门1号	-45.0	617.2	334.5	108.8	20.9
						A门2号	-45.0	613.4	334.5	111.0	20.7
				15.08	177.75	B门1号	-45.0	617.9	334.0	108.1	23.2
						B门2号	-45.0	615.5	333.4	108.3	22.6
7	双门从1 m下降至0.41 m	14:43—14:45	0.4	0.81	175.76	A门1号	-10.0	616.7	73.3	110.2	4.7
						A门2号	-10.0	613.3	73.3	112.6	4.7
				0.82	181.50	B门1号	-10.0	617.7	73.1	108.7	4.9
						B门2号	-10.0	615.1	73.0	109.0	4.7

参考文献

[1] J M Gers. 配电系统分析与自动化[M]. 孟晓丽,李蕊,译. 北京:机械工业出版社, 2016.

[2] 广东电网公司电力科学研究院组. 主动配电网知识读本[M]. 北京:中国电力出版社, 2014.

[3] 国家电力调度通信中心. 国家电网公司继电保护培训教材[M]. 北京:中国电力出版社, 2009.

[4] 方辉钦. 现代水电厂计算机监控技术与试验[M]. 北京:中国电力出版社, 2004.

[5] 贺家李,宋从矩. 电力系统继电保护原理[M]. 北京:水利电力出版社, 1994.

[6] Kenneth C Budka, Jayant G Deshpande, Marina Thottan. Communication Networksfor Smart Grids[M]. Heidelberg:Springer London, 2014.

[7] 高松川,张吉明,胡博,等. 大规模复杂中压配电网设备可靠性参数的精确建模及应用[J]. 南方电网技术, 2020, 14(9): 63-72.

[8] 徐登辉,王妍彦,张有兵,等. 不确定性环境下考虑信息失效的主动配电网可靠性评估[J]. 电力系统自动化, 2020, 44(22): 134-142.

[9] 周锐,夏俊雅,郑安豫,等. 计及馈线自动化的配网可靠性算法研究[J]. 黑龙江工程学院学报, 2020, 34(4): 42-48.

[10] 顾佳浩,淡淑恒. 考虑HI理论和在线监测误差的配电网可靠性评估[J]. 电力系统及其自动化学报, 2021, 33(4): 127-134.

[11] 夏勇军,肖繁. 考虑电力二次系统影响的智能配电网综合可靠性评估方法[J]. 电力系统自动化, 2020, 44(23): 165-172.

[12] 张顺,文承毅,何礼鹏,等. 一种基于典型接线模式的城市复杂中压配电网的可靠性评估算法[J]. 四川电力技术, 2020, 43(4): 20-23, 83.

[13] 柴庆发,丛伟,李文升,等. 配电网高可靠性继电保护配置与整定方案[J]. 电力系统及其自动化学报, 2021, 33(5): 47-54.

[14] 项波,吴承骏,胡伟楠,等. 综合考虑检修策略和设备健康指数的配电网可靠性评估[J]. 重庆大学学报, 2021, 44(8): 10-20.

[15] 林丹,刘前进,曾广璇,等. 配电网信息物理系统可靠性的精细化建模与评估[J]. 电力系统自动化, 2021, 45(3): 92-101.

[16] 陈安伟. 输变电设备状态检修[M]. 北京:中国电力出版社, 2012.

[17] 常焕俊. 电力企业技术监督实用手册[M]. 北京:中国电力出版社, 2005.

[18] 龚国华,李旭. 生产与运营管理[M]. 上海:复旦大学出版社, 2019.

[19] 胡鹏飞,朱乃璇,江道灼,等. 柔性互联智能配电网关键技术研究进展与展望[J]. 电力系统自动化, 2021, 45(8): 2-12.

[20] 王成山,季节,冀浩然,等. 配电系统智能软开关技术及应用[J]. 电力系统自动化, 2022(4): 1-14.

[21] 梁得亮,柳轶彬,寇鹏,等. 智能配电变压器发展趋势分析[J]. 电力系统自动化, 2020(7): 1-18.

[22] 王鹏,林佳颖,宁昕,等. 配电网全景信息感知架构设计[J]. 高电压技术, 2021, 47(7): 2293-2302.

[23] 王守相,梁栋,葛磊蛟. 智能配电网态势感知和态势利导关键技术[J]. 电力系统自动化, 2016, 40(12): 2-8.

[24] 马韬韬,郭创新,曹一家,等. 电网智能调度自动化系统研究现状及发展趋势[J]. 电力系统自动化, 2010, 34(9): 7-11.

［25］赵波,王财胜,周金辉,等.主动配电网现状与未来发展[J].电力系统自动化,2014,38(18):125-135.

［26］姚建国,杨胜春,王珂,等.智能电网"源－网－荷"互动运行控制概念及研究框架[J].电力系统自动化,2012,36(21):1-6,12.

［27］李同智.灵活互动智能用电的技术内涵及发展方向[J].电力系统自动化,2012,36(21):1-6,12.

［28］徐箭,廖思阳,魏聪颖,等.基于广域量测信息的配电网协调控制技术展望[J].电力系统自动化,2020,44(18):12-22.

［29］尤毅,刘东,钟清,等.多时间尺度下基于主动配电网的分布式电源协调控制[J].电力系统自动化,2014,38(9):192-198,203.

［30］陈飞,刘东,陈云辉.主动配电网电压分层协调控制策略[J].电力系统自动化,2015,39(9):61-67.

［31］高扬,艾芊.含多微网稀疏通信优化的主动配电网分层分布式协调控制[J].电力系统自动化,2018,42(4):135-141.

［32］叶荣,陈皓勇,娄二军.基于微分博弈理论的频率协调控制方法[J].电力系统自动化,2011,35(20):41-46.

［33］Yunwei LI,Farzam Nejabatkhah. Overview of control, integration and energy management of microgrids[J]. Journal of Modern Power Systems and Clean Energy, 2014(2):1-2.

［34］程启明,褚思远,程尹曼,等.基于改进型下垂控制的微电网多主从混合协调控制[J].电力系统自动化,2016,40(20):69-75.

［35］王成山,肖朝霞,王守相.微网综合控制与分析[J].电力系统自动化,2008(7):98-103.

［36］C n papadimitriou,V a kleftakis,N d hatziargyriou. Control strategy for seamless transition from islanded to interconnected operation mode of microgrids[J]. Journal of Modern Power Systems and Clean Energy, 2017,5(2):169-176.

［37］鞠平,王冲,辛焕海,等.电力系统的柔性、弹性与韧性研究[J].电力自动化设备,2019,39(11):1-7.

［38］别朝红,林超凡,李更丰,等.能源转型下弹性电力系统的发展与展望[J].中国电机工程学报,2020,40(9):2735-2745.

［39］邱爱慈,别朝红,李更丰,等.强电磁脉冲威胁与弹性电力系统发展战略[J].现代应用物理,2021,12(3):3-12.

［40］彭寒梅,王小豪,魏宁,等.提升配电网弹性的微网差异化恢复运行方法[J].电网技术,2019,43(7):2328-2335.

［41］章博,刘晟源,林振智,等.高比例新能源下考虑需求侧响应和智能软开关的配电网重构[J].电力系统自动化,2021,45(8):86-94.

［42］朱溪,曾博,徐豪,等.一种面向配电网负荷恢复力提升的多能源供需资源综合配置优化方法[J].中国电力,2021,54(7):46-55.

［43］王守相,刘琪,赵倩宇,等.配电网弹性内涵分析与研究展望[J].电力系统自动化,2021,45(9):1-9.

［44］刘瑞环,陈晨,刘菲,等.极端自然灾害下考虑信息－物理耦合的电力系统弹性提升策略:技术分析与研究展望[J].电机与控制学报,2022,26(1):9-23.

［45］赵曰浩,李知艺,鞠平,等.低碳化转型下综合能源电力系统弹性:综述与展望[J].电力自动化设备,2021,41(9):13-23,47.

［46］杨飞生,汪璟,潘泉,等.网络攻击下信息物理融合电力系统的弹性事件触发控制[J].自动化学报,2019,45(1):110-119.

［47］饶宇飞,高泽,杨水丽,等.大规模电池储能调频应用运行效益评估[J].储能科学与技术,2020(6):1-9.

［48］孙丙香,李旸熙,龚敏明,等.参与 AGC 辅助服务的锂离子电池储能系统经济性研究［J］.电工技术学报,2020,35(19):4048-4061.

［49］丁勇,华新强,蒋顺平,等.大容量电池储能系统一次调频控制策略［J］.电力电子技术,2020,54(11):38-41,46.

［50］王凯丰,谢丽蓉,乔颖,等.电池储能提高电力系统调频性能分析［J］.电力系统自动化,2022(1):1-13.

［51］缪平,姚祯,John Lemmon,等.电池储能技术研究进展及展望［J］.储能科学与技术,2020,9(3):670-678.

［52］刘畅,蔡旭,李睿,等.超大容量链式电池储能系统容量边界与优化设计［J］.高电压技术,2020(6):1-11.

［53］李建林,梁忠豪,李雅欣,等.锂电池储能系统建模发展现状及其数据驱动建模初步探讨［J］.油气与新能源,2021,33(4):75-81.

［54］袁家海,李玥瑶.大工业用户侧电池储能系统的经济性［J］.华北电力大学学报(社会科学版),2021(3):39-49.

［55］韩坚,王亚楠,顾伟峰.基于电池储能系统的风电机组极端工况备用电源的设计［J］.船电技术,2021,41(7):27-30.

［56］吴启帆,宋新立,张静冉,等.电池储能参与电网一次调频的自适应综合控制策略研究［J］.电网技术,2020(10):1-10.

［57］郑睿敏,谭春辉,侯惠勇,等.用户侧电池储能系统容量配置探讨［J］.电工技术,2020(5):60-62.

［58］闫纪红,王鹏翔.可靠性与智能维护［M］.哈尔滨:哈尔滨工业大学出版社,2020.